庭院造景施工手册

花境绿化

刘轩 —————— 主编

江苏凤凰科学技术出版社 · 南京

图书在版编目（CIP）数据

花境绿化 / 刘轩主编 . -- 南京 : 江苏凤凰科学技
术出版社 , 2024.11. -- (庭院造景施工手册 / 汤留泉等
主编). -- ISBN 978-7-5713-4692-8

Ⅰ . S688.3

中国国家版本馆 CIP 数据核字第 2024JB7928 号

庭院造景施工手册

花境绿化

主　　　　编	刘　轩	
项 目 策 划	凤凰空间/杜玉华	
责 任 编 辑	赵　研	
责任设计编辑	蒋佳佳	
特 约 编 辑	杜玉华	

出 版 发 行	江苏凤凰科学技术出版社
出 版 社 地 址	南京市湖南路1号A楼，邮编：210009
出 版 社 网 址	http://www.pspress.cn
总 经 销	天津凤凰空间文化传媒有限公司
总 经 销 网 址	http://www.ifengspace.cn
印　　　刷	北京博海升彩色印刷有限公司

开　　　本	787 mm×1 092 mm 1/16
印　　　张	9
字　　　数	180 000
版　　　次	2024年11月第1版
印　　　次	2024年11月第1次印刷

标 准 书 号	ISBN 978-7-5713-4692-8
定　　　价	78.00元

图书如有印装质量问题，可随时向销售部调换（电话：022-87893668）。

前言

跟随着自己的心灵，我们将想象中的庭院加以描述，通过文字、符号、图纸，或者利用现代计算机软件使之视觉化后，接下来将这些内容在现实空间中用各种材料进行围合、建造，形成能够容纳我们身体和行为的具体空间，让我们的身心能够在这个空间中获得美好的体验。这个阶段的工作就称为"造园"，涉及基础工程、景观小品、花境绿化、石艺造景、水景工程等方面，涵盖各种庭院设计与施工知识。

本书系统讲解庭院中的花境绿化相关知识，为设计师与施工员提供设计依据与解决之道。花境绿化是庭院装饰的媒介，是渲染庭院空间氛围的重要组成部分，在设计与施工中所需的技术含量较高，其实施活动需要投入大量的人力物力。

花境绿化强调"回归自然，高于自然"的概念，绿化植物的移植与栽培均从大自然中来，进入庭院后需要立即种植，将统一植栽变为混合植栽。同时将植物与庭院中的景观小品、山石、水景融为一体，形成全新的花境绿化环境。

花境绿化从施工方面来看，要注意土质调配、日照采光、水肥护理等细节，将植栽与养护融为一体。混植能提升庭院的视觉效果，但也会带来生长季节模糊、营养失调等问题，因此在追求植栽技术方法的同时，还要注重审美与营养科学，保证花境绿化的健康发育。

想做好庭院花境绿化的设计与施工，结合本书知识点，应当从以下几个方面入手：

（1）厘清花境绿化的审美设计原理，在高低层次、色彩搭配、季节划分等细节上统筹规划，尤其注意季节与配色，不同季节生长不同的品种，需要搭配常绿观叶植物与时令观花植物。

（2）正确识别多种绿化植物，从植物品种特性入手，保障植物根基的稳固性，尤其是土壤调配与水肥管理，保障绿化品种能正常生长。

（3）花境设计主要分为远景、中景、近景三个层次，要严格把控造型审美形式，从远景开始思考花境布局的美观性，逐步分层布置。由远处、深层施工向近处、浅层施工过渡，不能出现视觉中断，不能随意拼凑空白植栽区域。

（4）熟悉成品配件，花境绿化植栽过程中，要合理运用一些成品配件，用于快速构建绿化植物的造型。要对庭院成品材料进行市场考察，了解电商网店与实体店的产品信息，用于庭院花境绿化中的成品配件要合理选择，以便提升施工效率、降低人工成本。

庭院花境绿化是人与自然对话的媒介，是人在户外生活的重要观赏对象。花境绿化，使庭院景色更美好。

刘轩

2023 年 10 月

目录

1 绿化基础

2 种植与养护

3 花境绿化配植方法

4 绿化构造设计施工

1

绿化基础

庭院绿化

▲ 为庭院铺装草坪，点缀小灌木，能打造出良好的
生态环境。绿化植物需要充足的光照，因此对庭院
的采光有一定的要求。

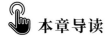 **本章导读**

　　以植物景观主题作为花境绿化的立足点，是庭院设计的有效创作手段。植物景
观主要指自然界的植被、植物群落和植物个体所表现的形象，通过人的感官传到大
脑，进而带来的一种实在的美感和联想。植物景观也包括人工创作的景观，要充分发
挥植物本身的形体、线条、色彩、质地等自然美进行构图，并通过植物生命周期的变
化配植成一幅幅具有动态美感的画面，供人们观赏。完美的绿化设计必须在科学性与
艺术性两个方面高度统一，既满足植物与环境在生态适应性上的统一，又通过艺术构
图原理体现植物个体、群体的形式美及人们在欣赏时所产生的意境美。

绿化植物分类的标准有很多。例如，根据视线被阻挡的程度，可将植物分为贴于地表的地被植物、围合或限制空间的绿篱、覆盖或遮阴的高大乔木等；根据植物品种可分为草坪、盆花、灌木、藤本、乔木、水生植物等；根据植物的季相又分为常绿和落叶植物等。本节根据庭院植物的特征及栽培用途进行分类。

1.1.1　树木类

 墙边树

墙边树是庭院围墙或屏障的绿化支柱，同时也可用来界定庭院范围。墙边树的选择标准是生命力强健，便于管理，花、果、枝、叶无不良气味，能适宜当地生长环境，移植时成活率高，生长迅速。

小叶黄杨

墙边黄杨

经过深度修剪的小叶黄杨，能呈现规整的几何图形，密集排列在围墙旁，形成一道绿植墙，在视觉上打造清新典雅的效果。

 庭荫树

庭荫树指树冠浓密且能形成较大绿荫的树木，常栽植于庭院、公园等绿地中，能提供阴凉、清新的室外休憩场所。

庭荫树一般应符合树体高大、主干通直、树冠开展、枝叶浓密、树形优美等要求，且生长快速、稳定，寿命较长，花、果、叶等都有一定的观赏特性。庭荫树在庭院中占有很大比重，在配植应用上应该细加考究，在树种的选择上应在不同的景区侧重应用不同的种类。常用的庭荫树主要有油松、白皮松、合欢、香樟、梧桐等。

香樟

香樟

香樟的遮阴效果较好，四季常青，能为庭院提供面积较大的树荫区域。

梧桐

梧桐

梧桐枝叶覆盖面积大，能形成良好的遮阴效果，冬季树叶会枯萎脱落。

 孤植树

孤立种植的单株树称为孤植树，又称为独赏树、赏形树或独植树。只要能表现出树木的个体形态美或色彩美，孤植树就可以独立成为景物，供观赏用。其庭院功能主要有两个：

（1）作为庭院中独立的庭荫树，主要作观赏用，即遮阴与观赏结合。

（2）为了构图艺术上需要，一般它的位置会十分突出。

孤植树一般应具备高大雄伟、树形优美、树冠开阔宽大、富于变化等特点，多呈圆锥形、尖塔形、垂枝形、风致形或圆柱形等轮廓。孤植树在绿化布置中，主要显示树木的个体美，常作为庭院空间的主景，植于花坛中心或小庭院的一角与山石相互成景之处。一般采取单独种植的方式，但也有用 2 ~ 3 株合栽成一个整体树冠的方式。孤植树的品种通常有雪松、南洋杉、银杏、红枫、榕树等。

孤植红枫

在冷色基调的庭院环境中配植一棵红枫，让色彩形成强烈对比。

孤植垂叶榕

垂叶榕属于热带树种，树形端庄优雅，适合修剪，最终形成规整的形态。

4. 园景树

园景树在庭院树种的选择与应用上最繁多，形态也最丰富，是庭院种植的骨干树种。树种类型有观形、观叶、观花和观果几种。观形赏叶的树种主要有雪松、金钱松、日本金松、巨杉、白皮松、水松、丝棉木、重阳木等，观花赏果的树种主要有玉兰、梅花、樱花、桃树、海棠、花石榴等。

园景树组合

园景树布置在庭院中央与周边，形成视觉呼应，让庭院的中心焦点变得特别突出。

园景树修剪

经过修剪的园景树呈现标准的几何图形，圆球形、圆柱形也能表现出规范的序列感。

1.1.2　藤本类

藤本类植物包括各种茎枝细长难以自行直立的缠绕性、吸附性、攀缘性、钩搭性木木植物，这类植物在庭院中有多方面的用途，可用于装饰各种形式的棚架，可用于建筑及设施的垂直绿化，可装饰灯柱、杆柱、廊柱，也可使之攀缘于施行过防腐措施的高大枯树上，形成独赏树的效果，亦可悬垂于屋顶、阳台，还可覆盖地面作为地被植物用。在具体应用时，应根据绿化的要求，具体考虑植物的习性及种类来进行选择。攀缘类藤木树在提高绿化质量、增强庭院效果、美化特殊空间等方面具有独特的效果。

1.1.3　花坛类

花坛是指在一定范围的畦地上按照规整形式或半规整形式的图案栽植观赏植物以表现花卉群体美的庭院设施。花坛有规则式、自然式和混合式等多种常见形式。通常以矮小、具有色彩且观赏期长的花灌木为主要材料，配以草本花卉；或者以草本花卉为主要材料，配以花灌木，如小蜡、小叶女贞、金叶女贞、瓜子黄杨、丰花月季、牡丹、杜鹃等。有些灌木易人工培养成各种各样的形状，适合用作花坛树，如石榴、大叶黄杨等。

独立花坛能将植物集中布置，不占用庭院地面铺装区与功能活动区。

花坛造型组合多样，具有高低错落的层次，也为多个区域作出了界定。

独立花坛

组合花坛

1.1.4　绿篱类

用灌木或小乔木成行紧密栽植，形成低矮密集的林带，组成边界或树墙，称为绿篱。绿篱具有防范、保护、组织空间的功能，也可以装饰小品，当作喷泉、花坛、花境的背景，以及用作花坛镶边、绿色屏障以遮蔽破旧围墙和厕所等，同时还具有滞尘、减弱噪声、防风遮阴等作用。常用的绿篱树种有黄杨、龙柏、小叶黄杨、大叶黄杨、日本花柏、月桂、凤尾竹等。

圆形绿篱

方形绿篱

庭院中最常见的绿篱树种就是黄杨，经过修剪后呈现规整的视觉效果，让庭院空间形成凝聚力。

单株球形黄杨可组合成方形绿篱，需要先植栽养护，待生长成型后再进行修剪，围合形成的区域感较强。

1.1.5　草坪地被类

草坪与地被是庭院绿化的重要组成部分，不仅可绿化、美化环境，还在保护环境、实现生态平衡方面起着重要的作用。

1. 草坪

常用的草种主要有冷季型草、暖季型草。冷季型草主要用于要求绿色期长、管理水平较高的草坪上，如早熟禾、野牛草。暖季型草用于对绿色期要求不严、管理较粗放的草坪，如马尼拉草、百慕大草、结缕草、羊胡子草等。

马尼拉草坪

百慕大草坪

马尼拉草坪是暖季型草坪,耐践踏、耐修剪、耐寒、耐旱,适合黄河以南地区栽培,广泛应用于庭院绿化,是草坪的常见品种之一,可大面积铺设,形成开阔的视觉效果。

百慕大草坪是暖季型草坪,叶片细腻柔软,密度适中,根系发达,生长极为迅速,耐旱耐踏性突出,所建成的草坪健壮致密,杂草难以入侵,适合庭院内小面积造型铺设。

2. 地被

凡生长低矮、枝叶稠密、抗性较强、能覆盖地面的植物都可作为地被植物应用,均被称为地被植物。需根据环境条件及养护管理的能力,选择不同习性、不同管理要求的地被植物,可供选择的优良地被树种有铺地柏、八角金盘、桃叶珊瑚、百里香、常春藤、变叶木等。

环丘地被是在庭院周边堆积坡度较为缓和的土坡,分级造型,形成阶梯状环丘,在上面种植植物,地被树种要求植株低矮、萌芽、分枝力强,枝叶稠密,能有效体现景观效果。这类植物枝干水平延伸能力强,延伸迅速,短期就能覆盖地面、自成群落,适宜粗放管理,绿色期长,耐观赏,富于季相变化。

边角地被多分布在草坪周边,是草坪向庭院边缘的延伸,层次感较强,可搭配多种绿色观叶灌木。

环丘地被

边角地被

1.1.6　盆栽类

　　盆栽运用"缩龙成寸""咫尺千里"的手法，把山峦风光、树木花石等聚于盆内，使其呈现出大自然的万般意境，是自然美与人工美的有机结合。

　　盆栽树种一般以盘根错节、叶小枝密、姿态优美、色彩亮丽者为佳，若有花果、具芳香，则更为上乘。同时要求具有易萌芽、成枝力强、耐修剪、易造型、耐干旱贫瘠、生长缓慢、寿命长等生物学特性。盆栽树多为大型的常绿类树种，如五针松、花柏、苏铁、棕竹等。

屋顶露台庭院中无较大乔木遮阴，可将盆栽靠墙集中布置，避免盆栽因脱水过多而枯萎。

集中盆栽

底层室外庭院中的盆栽可根据设计与审美需求摆放，盆栽中的植物多为名贵品种，需要适时移动位置来控制其吸收的光照和雨水量。

分散盆栽

1.1.7　水生类

　　水生植物主要分为沉水、浮水、挺水三种类型。其中挺水植物品种较多，植物部分器官位于水面之上，但是由于水下所有器官都能吸收养料，因此根部就慢慢退化了。例如，槐叶萍是完全没有根的；满江红、浮萍、水鳖、雨久花等植物的根形成后，不久便停止生长，不分枝，并脱去根毛；浮萍、杉叶藻、白睡莲都没有根毛。

　　睡莲是一种庭院普及型水生植物，喜欢阳光充足、温暖潮湿、通风良好的环境。稍耐阴，也适宜有树荫的池塘，对土质要求不严，喜富含有机质的壤土。

　　雨久花是直立水生草本植物，花期在 7~8 月，生长于我国东部及北部，主要在池塘、湖沼靠岸的浅水处和稻田中。喜欢温暖、湿润的气候环境，不耐低温，耐阴能力较好，喜肥沃、疏松的土壤环境。

睡莲

雨久花

✔ 小贴士

各种植物的抗性特点

　　木本植物比草本植物抗性强；阔叶植物比针叶植物抗性强；常绿阔叶植物比落叶植物抗性强；壮龄树比幼龄树抗性强；叶片厚、具有角质层，单面积内气孔数少的植物比小型叶或羽状复杂且叶面很小的植物抗性强；具有乳汁或特殊汁液的植物抗性强，如桑科、夹竹桃科等。

在庭院绿化布置时，正确选择优良的绿化植物资源，合理应用于种植设计，可以发挥最大的经济效益、生态效益。

1.2.1 适应环境

适地适树，即要求绿化植物的特性与绿化造林的生态环境相适应。选用的绿化树种以适地适树为前提，每种植物的观赏价值不同，在庭院中用途不同，既要将不同层次、色彩的植物品种相结合，又要合理搭配花期，达到亮化、美化和绿化的目的。

背光庭院的直接日照较少，适合植栽观叶、喜阴的植物。这类植物品种较多，可分多个层次布置，从庭院围墙到庭院中央逐步过渡，形成聚合力较强的视觉效果。

幌伞枫

冠盖绣球

雀舌黄杨

月见草

金叶女贞

背光庭院

1.2.2 选择抗性强的品种

　　抗性强的植物是指植物对土壤的酸、盐、旱、涝、贫瘠以及不良气候条件、烟尘、有害气体等具有较强的抵抗能力。选用这些植物作为庭院绿化设计的主体品种，符合庭院绿地多数情况下土壤条件差的实际，还能增强庭院的绿化效益。在大量选择抗性强的树种的同时，还要选择那些树姿端庄、枝繁叶茂、冠大荫浓、花艳芳香的树种加以配植。

植物的选择要根据庭院需具有改善环境的生态功能、美化功能及结合生产功能的三大功能来进行。

萱草　　　　　银边草　　　　　　　香樟

抗性较强的植物品种

五叶地锦　　　　　四季青草坪　　　　　茶树条

1.2.3 重视基调与骨干品种

基调品种是指在庭院中分布广、数量大的少数几种植物，其品种数视庭院绿地规模而定。骨干品种是指庭院绿化中常用的种类多、数量少的一些主要植物品种。

鸡爪槭　　黄杨　　　　　　　　金叶女贞　　　　　菖蒲　　水榆花楸

庭院绿化中的基调与骨干品种

经过人工筛选，出现了一批适应性强、优良性状明显、抗逆性好的主要树种，这些树是庭院绿化的骨干和基础，是经过长期选择的宝贵财富。其中，基调品种为黄杨、金叶女贞等观叶常青灌木，骨干品种为鸡爪槭、水榆花楸、菖蒲等季节性观赏植物。

1.2.4 多元化结合

　　多元化结合是指将落叶乔木与常绿乔木相结合，乔木、灌木和草本相结合的原则。适量选择落叶灌木和常绿灌木，不仅能增加绿化量，还能起到增加绿化层次的作用。现代庭院中，除乔木、灌木及花卉外，还可使用草坪植物与地被植物。植物选择应以乔木为主，结合灌木、藤本、地被、花卉等多种植物，创造出丰富的绿化效果。

> 乔木遮阴、灌木点缀、草本覆盖是庭院常见的多元化组合种植形式。多种植物之间在色彩、层次与造型上要有所区分，形成丰富的变化。

雨树

剪股颖草坪

款冬

高山蹄盖蕨

庭院中多元化组合品种

红花檵木

制定合理的主要树种比例

　　（1）乔木与灌木的比例：乔木一般占 70% 以上，只有这样才能起到防护、美化和形成特色的作用。

　　（2）落叶和常绿的比例：北方以落叶树为主，落叶树占 60% 左右，常绿树占 40% 左右；南方选择适生的落叶树种，可加大比例，逐渐改变过去单一常绿植物的配比，丰富季相色彩。

1.2.5 丰富空间层次

　　庭院绿化品种搭配应当具有一定的层次感，满足远、中、近多种视线审美需求。提升植栽层次，应当根据庭院大小、地形、光照等条件，选择适合当地生长的植物。在保证植物生长状况良好的前提下，应选择不同种类、不同色彩、不同高度的植物，以达到丰富空间层次的效果。此外，植物的选择要与庭院整体风格相协调，营造出和谐统一的美感。

1. 前景植物

　　选择低矮的绿篱、地被植物等，作为庭院绿化的前沿，起到界定空间、增加层次感的作用。

2. 中景植物

　　选择中等高度的植物比如灌木、小乔木等，作为庭院绿化的主体，丰富空间结构。

3. 背景植物

　　选择高大的乔木、孤立的大树等，作为庭院绿化的背景，提升庭院气势。

4. 垂直绿化

　　利用攀爬植物如爬山虎、紫藤等，对庭院墙体、围栏等进行垂直绿化，增加庭院绿化的立体感。

宽阔庭院绿化层次

　　宽阔的空间首先要考虑预留较宽阔的地面砖石铺装区域，压缩绿化植栽区域，其次要在剩余空间中分配植栽层次。植栽区域轮廓以弧线形为主，沿弧线边缘植栽经过修剪的灌木。植栽区中央区域植栽较高的灌木或未经过修剪的小乔木，搭配三种色彩、形态不同的植物，能轻松形成层次感。

　　狭窄的庭院可将灌木靠庭院边缘植栽，搭配花坛提升高度。庭院中央选用小乔木，最终形成中央高、周边低的视觉重点。

狭窄庭院绿化层次

2 种植与养护

庭院绿化种植

▲ 以草坪为主的庭院中，多采用移栽的方式植入多种灌木与小型乔木，主要靠墙或围合种植，让庭院面积显得更大。

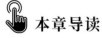 **本章导读**

　　庭院绿化种植的顺序有很多种，主要依据场地要素来实施，可以从入口或通用景观构造开始。在粗略的场地平整完成而表土还没有放回去之前，可将主要树木栽种上去。小灌木和草本植物则是在将添加了肥料的种植基被铺到种植床区域后，才开始栽种。本章主要针对庭院绿化布置中常见的乔灌木、花坛与花境、草坪、大树移植作详细介绍，有助于读者系统了解绿化种植的方法。

2.1 乔灌木

如果周围是铺装地面，则乔木和灌木要在最后的地面铺装之前栽植，以避免机械设备损坏地面铺装。在最后的施工过程中，树木根球必须测量准确，从而保证适当的标高，之后再铺设覆盖物，防止根部失水。如果庭院内的风力很大，则可以采用木桩支撑或用金属线固定。

为了施工机械方便易达，可以在给草地铺表土之前且在已有表土做植床的条件下栽植大灌木丛，栽完后再把上面的表土铺好。

以乔木为主的庭院视觉中心集中在乔木的姿态上，既要枝干挺拔，又要向四周延伸。位于庭院边角部位的乔木可选择形体高大的品种，能生长到庭院外部，实现强烈的延伸感。

庭院乔木

庭院灌木

以灌木为主的庭院视觉中心比较分散，可选用多种灌木组合并修剪整齐，呈现规则的序列感，还可搭配形体较小的乔木用于弥补视觉差。

2.1.1　落叶乔木

1. 掘苗

　　对胸径为 30 ~ 100 mm 的乔木，可于春季化冻后至新芽萌动前或秋季落叶后，在地面以胸径的 8 ~ 10 倍为直径画圆断侧根，再在侧根以下 400 ~ 500 mm 处切断主根，打碎土球，将植株顺风向斜植于假植地，保持土壤湿润。运输时要将根部放在车槽前，干稍向后斜向安置。

2. 挖穴

　　依胸径大小确定栽植穴直径，土质疏松肥沃的可小些，石砾土、城市杂土应大些，但最小也要比根盘的直径大 200 mm，深度则不小于 500 mm。

3. 定植

　　首先于穴中填 150 ~ 200 mm 厚的松土，然后将苗木直立于穴中，使基部下沉 50 ~ 100 mm，以求稳固，再在四周均匀填土，随填随夯实，填至距地面 80 ~ 100 mm 时开始做堰，堰高不低于 200 mm，最后设临时支架防风。

银杏

　　银杏为乔木，皮呈灰褐色，深纵裂，粗糙。叶呈扇形，有长柄，淡绿色，生长旺盛。银杏树外形优美，春夏季叶色嫩绿，秋季变成黄色，颇为美观，可作为庭院树及行道树。

　　用铁锹将表面土层挖开，挖出半球形坑后再扩大展开，斩断周边根系，获得较完整的根部土球。

　　在需要种植的庭院地面开挖坑穴，坑穴要比土球大，能轻松放置土球为宜。

　　将土球置入坑穴后，回填土壤，采用木杆、竹竿或金属杆状材料制作防风支架。

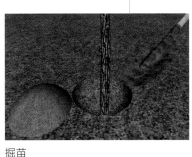

掘苗

挖穴

定植

4. 浇水

定植后及时浇头遍水至满堰，第三日再浇第二遍水，第七日浇第三遍水，水下渗后封堰。天气过于干燥时，过 10 ~ 15 天仍需开堰浇水，然后再封口。

浇水

在树木根部地面用铁锹将土壤塑造成围堰，并在其中浇水，直至完全浸润。

5. 修剪

掘苗后进行，将主导枝截至 150 ~ 300 mm，四周保持长短基本一致，株冠整齐。

修剪

定植完成后，确定好主干的垂直度，修剪枯黄的枝叶与较长的枝叶。

2.1.2 落叶灌木

1. 掘苗

植株一般高 1 ~ 2.5m，土球直径则根据品种、规定而定。

金银忍冬

用铁锹将表面土层挖开，灌木的根系较分散，挖出的土球形态较大。

金银忍冬属多年生草本植物，茎干直径较大且挺直，花芽较小且为圆形，总花梗比叶柄短。果实呈暗红色的圆形，花期5 ~ 6月，果期8 ~ 10月。金银忍冬喜强光，喜温暖的环境，亦较耐寒，对土壤要求不严，常生于林缘或溪流附近，在中国北方绝大多数地区可露地越冬。

掘苗

修剪

单干类植物或嫁接苗，侧枝需短截，成活后再依实际情况整形。

 挖穴

穴径依株高、冠幅、根盘大小而定，通常比土球直径大 50 ~ 200 mm，土质较差的地区可适当加大。其他与落叶乔木相同。

修剪枯黄的枝叶与较长的枝叶，让灌木形成较圆整的枝叶造型。

灌木挖穴面积较大，适合灌木较宽大的土球，植栽后下部绿叶以贴地为宜。

修剪

植栽

2.1.3 攀缘植物

 掘苗

大型植株种类通常预留的土球直径不小于 350 mm，如紫藤、葡萄、凌霄等；小型植株种类的土球直径不小于 300 mm，如金银木、地锦、蔷薇等，1 ~ 2 年生苗的土球直径可适当缩小至 150 ~ 200 mm，不做长途运输的可裸根掘苗。

 修剪

大型植株种类于地面以上 2.6 ~ 3m 处截干最为理想，过低则上架困难。葡萄应留主导枝，侧枝留 3 ~ 4 颗芽；小型植株种类可适当截短，最短不小于 400 mm，小苗不做修剪。

 挖穴

攀缘植物通常挖沟栽植，沟宽 400 ~ 500 mm，长依实际需要而定，穴栽时，穴直径要大于根盘 100 ~ 150 mm，小苗的增大范围可适当缩小。其他与落叶乔木相同。

凌霄

凌霄为攀缘藤本植物，攀附于他物之上，花冠内面呈鲜红色，外面呈橙黄色。生性强健，性喜温暖，有一定的耐寒能力，喜阳光充足的环境，但也较耐阴。在盐碱贫瘠的土壤中也能正常生长，但以深厚肥沃、排水良好的微酸性土壤为佳。

用铁锹将表面土层挖开，挖出半球形坑后，斩断周边根系，获得较完整的根部土球。

修剪枯黄的枝叶与较长的枝叶，截短攀缘植物的茎藤。

将土球置入坑穴后，回填土壤，采用木杆、竹竿或金属杆状材料制作攀缘支架。

掘苗

修剪

植栽

2.1.4　小型花灌木

1. 掘苗

依植株丛株大小，通常挖土球直径为 250 ~ 400 mm，深 250 ~ 300 mm，如紫叶小檗、金叶女贞、月季等，适栽季节也可以裸根移植。

2. 修剪

除月季需短截外，其他种类均在成活后整形。

3. 挖穴

多数片植或团栽，翻地深 400 mm，土质差的可过筛或换土，月季需施基肥，施肥量为每 100 m² 施肥 300 ~ 400kg，其他观花类植物也应施基肥，观叶类可不施肥。

月季

月季为常绿、半常绿低矮灌木，花色以红色为主，其他有白色、黄色、粉红色、玫瑰红色等。自然花期为 4 ~ 9 月，适应性强，耐寒、耐旱，对土壤要求不严格，但以富含有机质、排水良好的微带酸性砂壤土最好。月季喜欢阳光充足、温暖湿润的气候。

用铁锹将表面土层挖开，灌木根系较集中，挖出的土球形态较小。

修剪枯黄的枝叶与较长的枝叶，根据需要修剪枯萎的花朵，让观花灌木呈现较强壮的枝叶造型。

新挖的坑穴面积较大，将土球置入坑穴后，再往宽阔的坑穴内回填土壤，形成宽松的植栽环境，可以根据需要制作防风支架。

掘苗

修剪

整体植栽

2.1.5　常绿乔木

掘苗

一般在春季新芽未萌动前或雨季新枝停止生长后抑或秋冬之际植株停止生长后进行，先浇透种植地，并将枝条用草绳捆拢。土球直径依据树木种类和移植季节确定。四周土掘开后，土表及底部切削成球形，用草袋或编织布等物包好，再用草绳捆牢，轻轻推向一侧。若需采用机械吊装，吊装的主干处要包上麻袋、编织布等物并绑牢，吊装绳索拴于覆盖物上，以免损伤树皮进而影响成活。

❷ 定植

先填一层松土，将苗置于穴中央。若土球是用草袋包裹的，松开即可；若是用编织袋、塑料薄膜包裹的，则必须取下。然后设立支杆，随即填土，随填随夯实，填至近地面时造堰，并松开枝条捆绑物。

香樟

香樟为常绿大乔木，为亚热带常绿阔叶树种，喜温暖湿润的气候条件，不耐寒冷。香樟对土壤要求不严，其树形雄伟壮观，四季常绿，树冠开展，枝叶繁茂，浓荫覆地，枝叶秀丽而有香气，是作为行道树、庭荫树的优良树种。香樟的枝叶破裂后可散发香气，对蚊虫有一定的驱除作用，生长季节病虫害少。

3. 浇水

栽植后不仅要浇透水，还要向枝叶喷水。第三日、第六日浇第二遍和第三遍水，水渗下后封堰。如果遇干旱，那么 10 ~ 15 天后再开堰浇一次，随后封好。种后 10 天内每天向枝叶喷水 3 次，10 天后改为 2 次，直至新芽萌发，再逐步减少或停止。

常绿灌木栽植措施同落叶灌木，一般树高 0.5 ~ 2 m，掘苗土球直径不小于 300 ~ 400 mm，栽植穴直径不小于 400 ~ 600 mm，深 500 mm，其他措施同落叶乔木。

掘苗

定植

浇水

用铁锹将表面土层挖开，挖出半球形坑后再扩大展开，斩断周边根系，获得较完整的根部土球。常绿乔木品种较少，多会长距离运输，因此可在土球上包裹编织袋，打包严实并浇水润湿，以满足长途运输需求。

拆除土球上包裹的编织袋后再进行定植。在需要种植的庭院地面开挖坑穴，坑穴要比土球大，其间隙要能填充大量宽松土壤，以能轻松放置土球为合理。

将土球置入坑穴后，回填土壤，可以根据需要采用木杆、竹竿或金属杆状材料制作防风支架。在树木根部地面用铁锹将土壤塑造成围堰，并在其中浇水，直至完全浸润。

2.1.6　常绿绿篱

掘苗

常用作绿篱的针叶树种有松柏、刺柏、侧柏、龙柏、黄杨等。一般带土球移植，可用简易蒲包或草袋包裹，在有保湿的条件下可不带土球，但掘苗后需蘸泥浆。

黄杨

黄杨为灌木或小乔木，枝呈圆柱形，有纵棱，灰白色。蒴果近球形，花期 3 月，果期 5 ~ 6 月。黄杨对土壤要求不严格，沙土、壤土、褐土都能种植，以有机质丰富的壤土为佳。

定植

定植前要在栽植沟外侧临时拉设标线或绳，以免栽歪，然后将包裹物拆除，栽植时苗与苗之间以枝条与枝条稍交叉为宜，随栽随填土并夯实。

浇水

栽植后立即浇水，并扶正出线苗，拆除标线或绳。第三日浇第二遍水，一周后浇第三遍水，水渗下后封堰。若遇干旱，15 天后仍需开堰浇水。浇第一遍水时要同时喷水，以后每天喷水 2～3 次，直至新芽萌发，再逐步减少次数。

4. 修剪

新芽萌动后月余设标线，按标线修剪。落叶树绿篱的操作同常绿绿篱，当春季化冻后裸根掘苗，栽植时即进行修剪。

掘苗

定植

浇水

用铁锹将表面土层挖开，挖出半球形坑后再扩大展开，斩断周边根系，获得较完整的根部土球。常绿绿篱品种较少，多会长距离运输，因此可在土球上包裹编织袋，打包严实并浇水润湿，以满足长途运输需求。

拆除土球上包裹的编织袋后再进行定植，在需要种植的庭院地面开挖坑穴，坑穴要比土球大，其间隙要能填充大量宽松土壤，以能轻松放置土球为合理。定植后在树木根部地面用铁锹将土壤塑造成围堰。

将土球置入坑穴后，回填土壤，并在其中浇水，直至完全浸润。

绿篱设置

绿篱有组成边界、围合空间、分隔和遮挡场地的作用，也可作为雕塑小品的背景。绿篱以行列式密植植物为主，分为整形绿篱和自然绿篱。整形绿篱常用生长缓慢、分枝点低、枝叶结构紧密的低矮灌乔木，适合人工修剪整形。自然绿篱选用的植物体量则相对高大。绿篱地上生长空间一般要求高度为 0.5 ~ 1.6 m，宽度为 0.5 ~ 1.8 m。

修剪

修剪枯黄的枝叶与较长的枝叶，让常绿绿篱呈现外观较平整的枝叶造型。

2.1.7 竹子

1. 整地

栽竹子应选择背风向阳、土层厚、有机质含量高于2%、灌溉方便、不积水的地点。必须全面整地，深翻 300 ~ 400 mm，清除砖头瓦块。

2. 挖坑

用品字形配植坑位，株行距各 1 m，坑直径为 500 mm，坑深 200 ~ 250 mm。

3. 挖竹

选好竹子母株，母株要选二年生、节间短、分枝低的植株。挖母株时根据竹竿上最下一盘分枝的方向，挖开土壤，土坨要用草绳包扎。在北方地区，包坨后还应该用蒲包包裹，再用草绳缠绕，防止冻坏。

竹子

竹子为多年生草本植物，茎多为木质，也有草质，中间稍空，花期5月，果期10月。喜温暖湿润的气候，对水、热条件要求较高，喜土质肥沃、排水良好，且富含有机质和矿物元素的偏酸性土壤。

整地

挖坑

挖竹

在苗圃园区内，用铁锹将表面土层挖开，挖出半球形坑后再扩大展开，斩断周边根系，获得较完整的根部土球。竹子品种较少，生长地区集中，多会长距离运输，因此可在土球上包裹编织袋，打包严实并浇水润湿，以满足长途运输需求。

 栽植

栽植时间以春季 3 月下旬至 4 月上旬为宜，雨季移植以 7 月中旬至 7 月下旬为宜。运土球时应抱住土球搬运，一人搬不动时可两人抬土球，不能用手提竹竿。装卸车时不能拖、压、摔、砸。栽植时，土球入坑要求原土面与新地面齐平，四周填土，踏实时不能踩土坨。埋半坑土时扶植竹竿，浇透水，待水下渗后再埋第二次至满坑，然后做堰，再浇足水。

 养护

竹子种植区不能进入践踏，必须设置有一定观赏价值的围栏，围栏高度、形式可根据庭院环境决定，但以不能进入为主要依据。竹子以施有机肥为主，浇水要抓住关键季节，春季 4 月要浇足催笋水，5 ~ 6 月要浇拔节水，若夏季雨水充沛则可不浇或少浇，秋季 11 月、12 月上旬浇孕笋水，冬季过于干旱时可适当喷水，竹子浇水要看天、看地、看竹子长势而定。

拆除土球上包裹的编织袋后再进行定植，方形坑穴要比土球大，其间隙要能填充大量宽松土壤，以能轻松放置土球为合理。多为3～6株竹子组合定植，在根部地面用铁锹将土壤塑造成方形围堰。

定植后，在外围安装防护围栏，也可以根据需要采用木杆、竹竿或金属杆状材料制作防风支架。

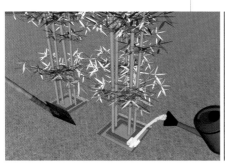

栽植

养护

✔ 小贴士

竹子的病虫害防治

竹子的病虫害防治应贯彻"预防为主，积极消灭"的方针，坚持"治早、治小、治了"的原则，经常检查，掌握虫情规律。竹子应加强抚育管理，保留适当密度，砍除老竹、病竹、倒伏竹，保证竹林通风透光，使竹林健壮。引种时应避免从有病虫的疫区引竹。

2.2 花坛与花境

花坛是指在绿地中利用花卉布置出精细、美观的绿化景观，一般用来点缀庭院。花坛植物宜采用1～2年生花卉、部分球根花卉和其他温室育苗的草本花卉。

花坛降低或去除围合构造后就变成了花境，选用花期、花色、株型、株高一致的花卉，配植协调即可。花境具有规则、讲究图案装饰的特点，在庭院、园林绿地中广为存在，常常成为局部空间的构图中心和焦点，对活跃庭院空间环境、点缀庭院环境景观起着十分重要的作用。

砌筑花坛具有良好的围合性，能将土壤限定在一定区域内，花坛具有一定的高度，可设计出坐凳、座椅配合使用。

花坛

花境有限定的区域，但是没有明显的界定范围。多种花卉与绿植集中布置，在一定区域内形成形态、色彩、质感有对比的景观，让视觉有明显的集中感。

花境

2.2.1 花坛养护

花坛养护要根据天气情况而定，保证水分供应。宜在清晨浇水，浇水时应防止将泥土冲到茎、叶上，要做好排水措施，避免雨季积水。花卉在生长旺盛期应适当追肥，施肥量要根据花卉种类而定。

施肥后宜立即喷洒清水，肥料不宜沾污茎和叶面。花坛保护设施应经常保持清洁完好，及时做好病虫害防治工作。花坛换花期间，每年必须进行1次以上的土壤改良和土壤消毒。花卉应生长健壮、花型正、花色艳、花期长，全年观赏期（包括观叶）不少于250天。花坛内应及时清除枯萎的花蒂、黄叶、杂草、垃圾，及时补种、换苗。一级花坛内应无缺株倒伏的花苗，无枯枝残花；二级花坛内缺株倒苗不得超过5处，无枯枝残花。

复合肥

营养土

混合土多为人工自行搭配，根据庭院植物的生长特性与地理条件进行搭配，主要原料十分丰富，有蛭石、椰糠、松树皮、珍珠岩、草炭土、火山灰等，混合比例根据植物的特性而定。

松树皮　蛭石　珍珠岩　椰糠

草炭土

火山灰

混合土

庭院用的复合肥是指含有氮、磷、钾中的两种或两种以上营养元素的化肥，复合肥具有养分含量高、副成分少且物理性状好等优点。氮能促进植物进行光合作用，磷能增强植物的抗病性、抗旱和抗寒能力，钾能促进植物的各种代谢过程顺利进行。

营养土是为了满足幼苗生长发育而专门配制的，含有多种矿质营养，是疏松通气、保水保肥、无病虫害的床土。营养土一般由肥沃的大田土与腐熟厩肥混合配制而成。

2.2.2　花坛形式

在庭院布局上，花坛一般设在道路的交叉口、公共建筑的正前方、住宅庭院的入口处等位置，即观赏者视线交汇处，构成视觉中心。作为硬质景观和软质景观的结合体，花坛具有很强的装饰性，既可作为主景，又可作为配景。根据花坛的外部轮廓造型，可以分为如下几种形式。

1. 独立花坛

独立花坛以单一的几何轮廓作为构图主体，在造型上具有相对独立性，常见的有圆形、方形、三角形、六边形等形式。

方形带外檐的独立花坛具有坐凳功能，座面深度需达到 450 mm 以上。

方形平整独立花坛形态单一，可在铺装材料上做拼接设计。

圆形带外檐独立花坛形态端庄，视觉上占地面积较大。

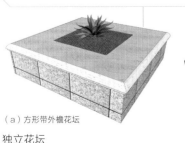

（a）方形带外檐花坛

独立花坛

（b）方形平整花坛

（c）圆形带外檐花坛

② 组合花坛

组合花坛由两个以上的独立花坛在平面上组成一个不可分割的整体，或称花坛群。组合花坛的构图中心，可以是独立花坛，也可以是水池、喷泉、雕像、纪念碑、亭等。组合花坛内允许观赏者入内活动，大规模组合花坛中可以设置座椅，供人休息，也可以利用花坛边缘设置隐形座凳。

组合花坛形态多样，可根据设计区域面积与形态来设计组合。设计模式有高低搭配、宽窄搭配、曲直搭配，最终与绿植的色彩、质地、造型等要素配合，打造丰富的庭院景点。

组合花坛

③ 立体花坛

立体花坛是指由两个以上的独立花坛采用叠加、错位等方式在立面上形成具有高低变化且外观协调统一的花坛。

将两件主体构造局部交错叠加，形成有一定高差的立体花坛。为了丰富层次，可适度搭配水景来丰富花坛的美观度。

组合拼接后的立体花坛在高度上有多级造型，形成中间高、四周低的形态。

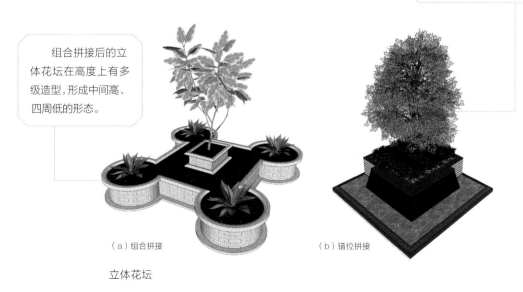

（a）组合拼接　　　　　　（b）错位拼接

立体花坛

4. 异型花坛

异型花坛是指在庭院中将花坛做成树桩、花篮等形式，造型独特，不同于常规花坛。

采用复合水泥或亚克力材料筑模成型，多为成品件，可直接采购使用。

特殊造型的石材花坛多为花岗岩定制产品，需要将多个配件分体制作后再进行组装。

（a）模压铸造　　　　（b）雕饰拼接

异型花坛

树池与树池箅子

树池是树木移植时根球所需的空间，一般由树高、树径、根系的大小所决定。树池深度至少深于树根球以下 250 mm。树池箅子是树木根部的保护装置，它既可以保护树木根部免受践踏，又便于雨水渗入，同时也能保护行人的安全。树池箅子应选择卵石、砾石等天然材料，也可选择具有图案的人工预制材料，如铸铁、混凝土、塑料等，这些护树面层宜做成格栅形式，并能承受一般的车辆重量。

石材砌筑有利于塑造树池形态，石材之间可用水泥砂浆或泥土填充，整体坚固度高，让树池形态呈现规整化图形。

石材砌筑的树池

不锈钢围合的树池　　　　　　铸铁树池箅子

行道树的树池占用了地面通行空间，因此需要在树池上铺装树池箅子。金属铸造而成的格栅式树池箅子平整度较高，表面的抗压性较好，透水透气，且不影响树木生长。

在防腐木板中开挖的树池，周边铺装不锈钢板，能遮挡防腐木板的边缘，让树池周边显得干净整洁。不锈钢板的硬度高，方便清洁打理。

2.2.3　花坛装饰

花坛表面装饰可分为贴面装饰、砌体材料装饰和抹灰装饰三大类。

 贴面装饰

贴面装饰是将块料面层镶贴到基层上的一种装饰方法。常用材料有天然石材饰面板、饰面砖和水磨石饰面板等。

（1）天然石材饰面板。常用于花坛的天然石材饰面板为花岗岩、大理石饰面板，质感稳重，但是色彩变化较少。青石板属于大理石的一种，是现代庭院中常用的品种，材质软，较易风化，易于劈裂成面积不大的薄片。青石板有暗红色、灰色、绿色、蓝色、紫色等不同颜色，加上其劈裂后的自然形状，可掺杂使用，呈现出的色彩既丰富又具有一定自然风格的装饰效果。

天然石材饰面板多为花岗岩，强度高，耐磨损，但是表面纹理色彩较单一，适用于台阶、道路旁的花坛饰面。

（a）花岗岩

（b）青石板

天然石材饰面板

青石板主要为深灰色或灰绿色，成本低，表面常被加工成凹凸不平的造型来提升耐磨损性能。

（2）饰面砖，适合花坛的饰面砖有外墙面砖、陶瓷锦砖、玻璃锦砖等。

（3）水磨石饰面板，用大理石石粒、颜料、水泥、中砂等材料经过选配、制坯、养护、磨光打亮而制成，色泽品种较多，表面光滑，美观耐用。

饰面砖

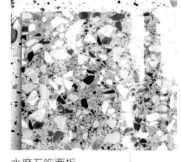

水磨石饰面板

饰面砖是普通陶瓷制品，表面喷绘的纹理丰富，用于庭院花坛饰面的多为石材纹理，能起到仿石饰面效果。

水磨石饰面板装饰效果好，表面光洁平整，花色品种较多，但其光亮的表面容易被划伤，多用于花坛局部拼接装饰。

 砌体材料装饰

砌体材料主要是砖、石块等，可通过选择砖、石块的颜色与质感，以及砌块的组合变化和砌块之间勾缝的变化，形成美的外观。石材表面可以通过打钻路、扁光、钉麻揪等方式达到不同的装饰效果。

砖

石块

石块多为花岗岩，截面被加工成方形或矩形，砌筑方式与砖一致，只是表面无需再进行装饰饰面。

砌筑花坛所用的砖块多选用混凝土砖，质地厚重且不返水，砌筑后抗裂性能较好。

3 **装饰抹灰**

根据使用材料、施工方法和装饰效果的不同，装饰抹灰有水刷石、水磨石、斩假石、干黏石、喷砂、喷涂、彩色抹灰等类型。下面以斩假石为例介绍花坛装饰抹灰施工方法：

（1）装饰抹灰面层的厚度、颜色、图案均应按设计图纸要求来实施。

（2）底层、中层的糙板均应已施工完成，并符合质量要求。

（3）在装饰抹灰面层施工前，其基层的水泥砂浆要求已完成并硬化，具有粗糙而平整的表面效果，其后的施工程序要自上而下进行，墙面抹灰时还要防止交错污染。

（4）装饰抹灰必须分格，分格条要求事先准备好，贴前要在水中浸泡，泡足水分，分格条应平直通顺。贴条在中层达到70%干燥时即可进行，施工缝应留在分格缝、阴角、落水管背面或装饰形体的边缘。

（5）施工前要做样板，按设计图纸要求的图案、色泽、分块大小、厚度做成若干块，供设计、建设方等选择定型。

（6）装饰抹灰面层施工完成后，不能随意开凿和修补，以免损坏装饰的完整性。

采用1：2水泥砂浆对整体基础界面全面抹灰，厚度为5～10mm，并将灰饼露出。

（a）基层结构处理

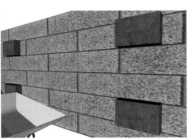

（b）做灰饼

（c）抹底层砂浆

对需要抹灰的界面基础进行清理，铲除表面杂质与疙瘩，将基础界面洒水润湿。

采用1：2水泥砂浆在界面上制作灰饼，灰饼宽100mm，高60mm，厚10～15mm，灰饼间距800～1200mm或根据界面实际情况设定。制作完成后的灰饼表面应在同一平面上，为后期找平界面做好点状标记。

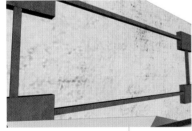

（d）设置标筋

（e）抹中层灰

（f）粘贴分格条

采用1：2水泥砂浆在界面上制作标筋，标筋连接灰饼，形成网格状。标筋宽度为30～50mm，厚度与灰饼保持一致，将整个界面找平并做好网格状标记。

采用1：2水泥砂浆在界面上继续抹灰，形成平整的界面，抹灰厚度与灰饼、标筋厚度保持一致。

将截面为方形或矩形的铝合金金属条嵌入抹灰层中，嵌入深度、宽度均为10mm左右，形成抹灰界面上的伸缩缝。

（g）抹素水泥浆

（h）抹水泥石屑浆

采用 1：2：1 水泥石屑砂浆对界面进行涂抹，形成凹凸不平的斑点状，表面采用平板稍许压平，形成既粗糙又平整的界面。

采用斧子、凿子在表面敲击，塑造出石缝造型。

采用素水泥浆对界面进行涂抹，形成凹凸不平的斑点状。

在界面表面洒水润湿，连续养护 7 天。

（i）养护

（j）剁斩面层成假石

花坛装饰抹灰施工

2.2.4　花境设计

花境是指绿地中花坛、草坪、道路、建筑等边缘地带花卉的布置形式，一般用来丰富绿地色彩。花境花卉可采用宿根花卉和部分球根花卉，配以一、二年生花卉和其他温室育苗的草本花卉。花境的布置形式应以自然式为主，适应季相变化，讲究纵向图案效果。

金叶女贞　香樟树苗

庭院中的主要功能区铺装地面砖石，用于庭院活动。活动区满足后再设计绿化花境区，根据功能区布局可以将绿化花境划分为多个区域。远离主体建筑的区域以草坪为主，接近休闲区设计花境，将地被、灌木、小乔木混合布置，形成近低远高的多层次布局。

蓝盆花

六倍利

菖蒲

花境植物搭配

花境设计要从整体环境来考虑，重点考虑其表现的主题、位置、形式及色彩等组合因素，设计师必须对园林艺术理论以及植物的生长习性、生态习性、观赏习性等有充分的了解。好的设计必须考虑由春到秋开花不断，比如把各色品种月季大量群植，形成特色花境，不论大小，均非常美观。

花境的养护、管理应按计划及时做好花卉的补种和填充，要根据所种花卉的习性及时更新翻种。在每年的植株休眠期，要适当耕翻表土层，并施入腐熟的有机肥，及时做好病虫害防治工作，落实日常养护，做到无杂草垃圾。

神香草

面积较小的庭院可以将花境分解，利用建筑墙角来种植花卉与小灌木，将边缘缝隙都运用到位。花卉形态的对比可加大，即利用较大的花卉形成树状造型，利用较小的灌木形成衬托。

圆锥绣球
金叶女贞
卷柏

委陵菜
林荫鼠尾草

周边花境

如果庭院面积过小，可在靠近建筑的区域铺装木栈道，设置休闲功能区。将更多庭院空间设计为花境，仅铺装较窄的道路，使人能步入其中。

樱花
虞美人
香雪球
万寿菊

中央花境　　金叶女贞　六倍利

草坪在庭院中的布置面积比较大，它的建造质量不仅直接影响着日后管理工作的难易程度，还影响着草坪的使用年限。因此，必须高度重视草坪建造的质量。选择草坪品种要根据所建草坪的主要功能（如游憩、装饰、覆盖裸露地面等）、立地条件（土质、光照、小气候等）及经济实力等因素选用不同的草种、不同的施工方法，切不可强求一致，要保证任何一种草种和任何一种施工方法都在其最佳施工期进行施工。

> 大面积铺装草坪有利于保洁，能让庭院常年保持整洁无落叶的状态。只要在庭院中界定好区域再铺装草坪，就能获得完美的视觉效果。

庭院草坪

2.3.1　草种选择

在同一个大类的草种范围内，如果小品种各有特殊的优点或者施工的草坪小环境变化多端时，可以用混合品种，各品种比例要根据具体情况（环境与品种特性）而定。例如，草地早熟禾与结缕草的混合可用于对绿色期要求长而管理水平较低的草坪中；野牛草与羊胡子草的自然混合应突出其中某一个品种，表现草坪的主流特色。

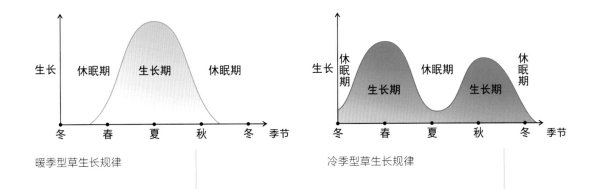

暖季型草生长规律

冷季型草生长规律

暖季型草具有极强的耐旱性和耐踏性，适合运用在庭院道路、坡地的绿化上，有良好的水土保持能力。具体品种有狗牙根、结缕草、钝叶草、假俭草、野牛草、地毯草、巴哈草等。

冷季型草要严格按照 1/3 的修剪规则进行修剪管理，尤其是在夏季，一次修剪不能过多，否则会将草坪中光合作用最强的叶片剪掉。具体品种有草地早熟禾、细叶羊茅、多年生黑麦草、高羊茅等。

草坪与地被植物品种

名称	图示	特性	名称	图示	特性
黑麦草		喜温凉湿润气候，耐寒耐热性差，不适合寒冷地区种植	马尼拉草		喜光耐阴，喜温暖湿润，耐寒耐旱能力强，春秋生长繁茂，再生性好
四季青		四季常青的草坪草，耐干耐寒性好，常用于高尔夫球场地	剪股颖		适当修剪即可形成细致、密度高、结构良好的毯状草坪
狗牙根草		其根茎蔓延力很强，能够固堤保土，全草可入药	苜蓿		十分耐干旱、耐冷热，产量高且品质优良，集观赏性与实用性于一身
早熟禾		生长速度快，质地非常柔软，抗修剪、耐践踏，草姿优美	百里香		植株较矮，沿着地表面生长，喜温暖、干燥的环境，生长快，花量大，花期长

名称	图示	特性	名称	图示	特性
地毯草		能平铺于地面形成毯状，根有固土作用，可作为庭院保土植物	蓝羊茅		表面呈蓝绿色，叶片呈针状向外散开，适合生长在全日照或半隐蔽的位置，需保持排水通畅
假俭草		匍匐茎强壮，蔓延力强而迅速，喜光、耐阴、耐干旱	麦冬		喜温暖湿润，对水的需求量大，要求光照充足，需要及时补充肥力，能美化环境、净化空气
结缕草		喜温暖湿润气候，耐阴、抗旱、抗盐碱，耐践踏能力强	孔雀草		生长、开花都需充裕阳光，注意避免直晒，需适当遮阴，冬季严寒时需要低温防护，以免受冻
钝叶草		具备观赏与药用价值，全草均可入药	金边过路黄		叶片为卵圆形，色泽金黄，在地表面匍匐生长，适应能力较强，喜光又耐半阴，容易成活

✔ 小贴士

庭院中草坪的作用

　　首先，草坪可以营造良好的居住环境，为人提供愉快、干净的工作和生活氛围，在庭院中看书、工作、闲聊都很惬意。其次，草坪能够净化庭院空气。草坪和绿萝、芦荟、万年青等植株一样，能像吸尘器一样净化空气、过滤灰尘，减少了尘埃也就减少了空气中的细菌含量。同时，草坪还能增加空气湿度，它能把从土壤中吸收来的水分变为水蒸气，蒸发到大气中。

PVC 草坪围栏

人为损伤较严重的草坪应加设围栏。围栏高度应尽量低矮，阻止人员进入。一般情况下围栏不起装饰作用，以简洁、实用为原则。围栏应在土壤准备工作已完成、种植工作尚未开始时建立。

PVC 草坪围栏适用于草坪与非草坪区域之间的界定，多用于限制步入的区域，避免草坪与地被植物遭到踩压。安装方式简单，直接将其扎入土层中即可。为保证稳固性，还需要做好基础构造。

（a）地面放线定位

（b）开挖基槽

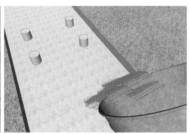
（c）置入混凝土柱

用激光水平仪在地面放线定位，把钢筋插入地面，在钢筋上绑扎尼龙线进行准确标记。

根据标记位置，用铁锹或挖掘机在地面上开挖基槽，深度与宽度均为 200 mm，基槽底部尽量平整。

在基槽底部铺装粒径为 30 mm 的碎石，铺装厚度为 50 mm 左右，浇筑 C20 混凝土，浇筑厚度为 100 mm。浇筑同时预埋混凝土立柱，立柱直径 150 mm，高度为 200 mm。

将 PVC 草坪围栏立柱底部安装在预埋的混凝土立柱上，保持完全垂直状态，采用膨胀螺栓固定。

（d）固定围栏立柱

（e）安装围栏

采用围栏配套的螺钉，固定围栏上纵横向构件。

PVC 草坪围栏施工

2.3.2 土壤整理

庭院中种植土层的厚度一般不小于 300 mm，不能有任何杂质如大小石砾、砖瓦等。

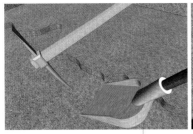

（a）地面清理

采用锄头、铁锹等工具对地面土层进行清理，直至松动。

（b）开挖土方

采用铁锹将松动土壤铲出，铲出深度为300 mm。

（c）混合配植种植土

根据植栽需求混合种植土，多采用石砂、腐土、椰壳粉、肥料等原料混合搭配。

（d）铺设底层土

将混合土铺至基坑底部，厚度为100 mm。

（e）铺装丝网

铺装尼龙网整体覆盖底层土。

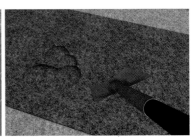

（f）铺设中层土

根据植栽需求，将混合种植土铺撒在尼龙网上，厚度为200 mm。

（g）土面整平

（h）浇水

为确保草坪建成后地表平整，种草前需充分灌水1～2遍。

用耙子将土层表面整平，高度应略低于路牙、路面或落水的高度，以灌溉水不致流出草坪为原则。

在中层土表面铺撒面层土，土层高度要高于地面 50 mm 左右。

（i）铺设面层土

庭院土壤整理施工

种植冷季型草或在土壤贫瘠的地带应使用基肥，施肥量应视土质与肥料种类而定。无论何种肥料，必须腐熟，分布还要均匀，以与 150 mm 厚的土壤混合为宜。地表的坡度以能顺利进行灌溉、排水为基本要求，并需注意草坪的美观。一般情况下，草坪中部略高、四周略低或一侧高、另一侧低。

草坪面与原有树木种植的高度不一致时，必须处理好与原有树木（尤其是古树）的关系。若草坪低于原地面，则需在树干周围保持原高度，向外逐渐降低至草坪高度；若落差较大，则应根据树冠大小，在适当的半径处叠起台阶或采用其他有效的方法，免使其根系受害；若草坪面高于原地面，则需在草坪周围筑起围合构造。草坪与路面、建筑物的关系要处理得当。

2.3.3 种草方法

1. 铺草皮卷和草块

草皮卷和草块多用于投资较大、需要立即见效的绿化庭院中。草皮卷和草块的质量要求覆盖度为 95% 以上，无杂草，草色纯正，根系密接，草皮卷或草块周边平直、整齐。草坪土质应与草皮卷或草块的土质相似，质地、肥力不可相差较大。

草皮卷和草块的运输、堆放时间不能过长，以草叶挺拔鲜绿为标准。铺设时各草皮卷（草块）间可稍留缝隙，不能重叠。草皮卷（草块）与其下的土壤必须密接，可用碾压、敲打等方法，由中间向四周逐块铺开。铺完后需及时浇水，并持续保持土壤湿润直至新叶开始生长。

马尼拉草块

处理好土地基础后才能铺设草块，要对地面铺装基础进行洒水润湿，将草块逐一铺到地面上，从庭院的一处铺至另一处。

（a）地面清理

（b）洒水润湿

（c）放线定位

采用锄头、铁锹等工具对地面土层进行清理，直至松动，采用铁锹将松动土壤铲出，铲出深度为 200 mm。

对地面进行洒水润湿，充分灌水 1 ～ 2 遍。

采用激光水平仪在地面放线定位，可根据需要将钢筋插入标记地面，在钢筋上绑扎尼龙线进行准确标记。

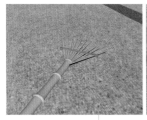
（d）地面打毛

（e）铺设草块

（f）压平

（g）浇水

用耙子对地面打毛，形成宽松粗糙的铺设界面。

根据放线定位铺设草块。

采用自制压平模具对草坪压制平整，自制压平模具可采用直径 400 mm 的圆形胶合板钉接木杆制作。

最后对地面洒水一遍，使其充分润湿。

马尼拉草块施工

铺植生带

　　铺植生带的地表需高度平整，无大小土块或杂质，并且需要压实。植生带与其下的土壤要处处密接，带与带间可稍有重叠，其上撒 3 ～ 5 mm 厚杂草种子较少的细砂壤土。铺后及时喷水，出苗前后必须始终保持地面湿润。冷季型草在 8 月下旬至 9 月上旬播种，暖季型草在 6 ～ 7 月播种。种子质量要求 80%以上能发芽，杂草种子含量低于 0.1%。播种时，种子分布要均匀，覆土厚度要一致（3 ～ 5 mm）。播种后压实，及时浇水，出苗前后及小苗生长阶段都应始终保持地面湿润，局部地段发现缺苗时需查找原因，并及时补播。

　　以草地植生带为例，播种量为：草地早熟禾 5 ～ 15 g／m²，高羊茅 20 ～ 35 g／m²，黑麦草 20 ～ 30 g／m²，匍匐翦股颖 3 ～ 7 g／m²，结缕草 10 ～ 25 g／m²。

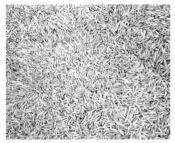

草种子的挑选关系到草种子的发芽率，在购买时一定要选择优良的草种子。要对种子进行精确称重，计算好地面铺设用量后再开始施工。

黑麦草种子

用耙子将地面进行打毛处理。

（a）种子称重

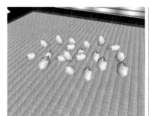

（b）种子浸泡

（c）铺撒底肥

（d）地面打毛

用电子秤对种子称重，根据不同种子特性与铺植面积确定所需要的种子数量。

浸泡种子72小时以上，让种子充分润湿。

在已经开挖松土的界面上铺撒底肥。

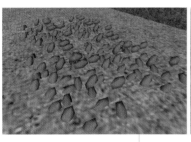

（e）撒种子

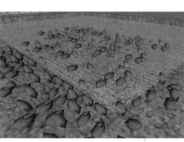

（f）铺设无纺布

（g）浇水

根据面积与种子品种，将种子均匀播撒在地面。

在种子表面覆盖无纺布。

最后对地面洒水1~2遍，使其充分润湿。

黑麦草植生带施工

✔ 小贴士

草本植物种植床

草本植物的种植床除了要铺一层场地原有的表土，还经常会铺一层 300 ~ 400 mm 厚施过肥的种植土。种植之前，通常要把种植基放到种植床上，并加以翻耕。在计算体积时，应考虑高分子有机质和空气成分所造成的实际体积的改变。

❸ 分株种植

种子繁殖较困难的草种或匍匐茎、根状茎较发达的植物可以用分株种植的方法。暖季型草在 5 ~ 6 月分栽，冷季型草在 4 ~ 9 月分栽。

分株种植具体分栽密度为：野牛草 200 mm×200 mm 穴栽，羊胡子草 120 mm×120 mm 穴栽，草地早熟禾 150 mm×150 mm 穴栽，匍匐翦股颖 200 mm×200 mm 穴栽，结缕草 150 mm 行距条栽。

所用草株品种应覆盖度高，无杂草，叶色纯正，尽量缩短从掘苗至种植后浇水的间隔时间，以浇第一次水时 80% 以上的叶片生长正常为标准。栽后立即浇水，一周内连浇 2 ~ 3 次，然后平整地面，让因栽植时或浇水时某些不平整的地表达到平整。

野牛草株

购置的草株要洒水润湿，集中放置，避免水分蒸发过快，植入时要将塑料盆拆除。

采用铁锹平整地面基础。

（a）洒水润湿

（b）平整地面

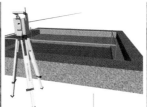

（c）放线定位

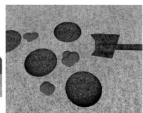

（d）挖穴

在已经开挖松土的界面上洒水 1 ~ 2 遍，充分润湿。

采用激光水平仪在地面放线定位，可根据需要将钢筋插入标记地面，在钢筋上绑扎尼龙线进行准确标记。

根据放线定位，用铁锹在地面上开挖植栽坑穴。

（e）分株植入

（f）盖土

（g）浇水

将土球分株放入土穴中，保持垂直。

覆盖填土，保持填土疏松，形成围堰造型。

最后对地面洒水 1 ~ 2 遍，使其充分润湿。

黑麦草分株种植施工

2.3.4　草坪养护

草坪养护最基本的指标是草坪植物的全面覆盖。草坪的养护工作需在了解各草种生长习性的基础上进行，根据立地条件、草坪的功能进行不同精细程度的管理工作。

1. 灌水

人工草坪在原则上都需要进行人工灌溉，尤其是土壤保水性能差的草坪更需人工浇水。除土壤封冻期外，草坪土壤应始终保持湿润，暖季型草主要灌水时期为 4 ~ 5 月和 8 ~ 10 月，冷季型草为 3 ~ 6 月和 8 ~ 11 月。每次浇水以达到 300 mm 土层内水分饱和为原则，不能漏浇，因土质差异容易造成干旱的范围内应增加灌水次数。漫灌方式浇水时，要勤移出水口，避免局部水量不足或局部地段水分过多。如果局部地段无法喷到，则应辅助人工浇灌。冷季型草草坪还要注意排水，地势低洼的草坪在雨季时有可能造成积水，应该具备排水措施。

固定喷灌适用于面积较大的庭院，草坪作为庭院主要铺装元素，可以预先在庭院地面布设水管，设计喷头位置与间距，让喷灌区域与草坪铺设对应。

移动喷灌适用于小面积庭院，或南方多雨地区，根据需要可移动喷灌器位置，喷灌器水管上游接水龙头，让自来水水压输出动力形成喷灌。

固定喷灌

移动喷灌

❷ 施肥

高质量草坪初次建造时除了施入基肥，每年还需追施一定数量的化肥或有机肥。高质量草坪在返青前可以施腐熟的麻渣等有机肥，施肥量为 50 ~ 200 g／m²。修剪次数多的野牛草草坪，当出现草色稍浅时应施氮肥，以尿素为例，约 10 ~ 15 g／m²，8 月下旬修剪后应普遍追氮肥一次。冷季型草的主要施肥时期为 9 ~ 10 月，3 ~ 4 月视草坪生长状况决定施肥与否，5 ~ 8 月非特殊衰弱草坪一般不必施肥。草坪的施肥方法如下：

（1）撒施：无论用手撒还是用机器撒都必须撒匀，可把总施肥量分成两份，以互相垂直方向分两次分撒。注意切不可有大小不均的肥块落在叶面或地面上。应避免叶面潮湿时撒肥，撒肥后必须及时灌水。

（2）叶面喷肥：全生长季都可用此法施肥，根据肥料种类不同，溶液浓度约为 0.1% ~ 0.3%，喷撒应均匀。

（3）补肥：草坪中某些局部草皮长势明显低于周边时应及时增施肥料，也称作"补肥"。补肥种类以氮肥和复合化肥为主，通过补肥，使衰弱的局部草皮与整体草坪的生长势头达到一致。

尿素

氨基酸水溶肥

氨基酸水溶肥能快速提高主根、侧根、毛细根的增生速度，增加根系的生长活力，大幅度提升根系对肥水的吸收和利用率。使用时按产品说明书剂量兑水后，使用喷撒容器在草坪上喷撒。

尿素属于酰胺态氮肥，适用于各种土壤和作物，应用广泛。尿素能促进作物生长，能有效改善草坪植株颜色较淡、基部老叶变黄弱小等问题。使用时要按产品说明书剂量撒在草坪表面。

③ 剪草

人工草坪必须剪草，特别是高质量草坪更需多次剪草。具体剪草方法如下：

（1）野牛草全年剪 2～4 次，5～8 月间修剪，最后一次修剪不晚于 8 月下旬。

（2）结缕草全年剪 2～10 次，5～8 月间修剪，高质量结缕草一周剪一次。

（3）羊胡子草以覆盖裸露地面为准，基本上可不修剪，为提高观赏效果可剪 2～3 次。

（4）冷季型草以剪除部分叶面积不超过总叶面积的 1／3 来确定修剪次数。粗放管理的草坪最少在抽穗前剪两次，达到无穗状态；精细管理的高质量冷季型草以草高不超过 150 mm 为原则。

燃油剪草机采用燃油冲程发动机驱动，将剪除后的草收集到草袋后集中倾倒处理。这种设备效率高，修剪平整，修剪高度可调节，但是散发废气，能耗较大。

电动剪草机采用电动机驱动，手持操作，剪除后的草会留在草坪上，需要搭配吸尘器使用。可以更换电动剪草模具，可对枝条较粗的灌木进行修剪，可对地面松土，整体功能强大，适用于庭院日常多功能维护。

电动剪草机

燃油剪草机

✔ 小贴士

剪草注意事项

（1）剪草前需彻底清除地表石块，尤其是坚硬的物质。

（2）需检查剪草机各部位是否正常、刀片是否锋利。

（3）剪草需在无露水的时间内进行。

（4）剪下的草屑需及时彻底从草坪上清除。

（5）剪草时需一行压一行进行，不能遗漏。

（6）某些剪草机无法剪到的角落需人工补充修剪。

2.4 大树移植

大树移植即移栽大型树木的工程，大树一般是指胸径100 ~ 400 mm、树高5 ~ 12m、树龄10 ~ 50年或更长的树木。庭院需要根据自身的风格来选择理想的树形，很多幼龄树很难成形，选用成形的大树成为塑造理想庭院的必然，因此大树移植在庭院造景中不可缺少。在条件允许的情况下，向庭院内移植1 ~ 2棵大树可以提高庭院的成荫效果，同时，它也是高档庭院造景的重要内容。

移栽按树木来源可分为人工培育大树移植木和天然生长大树移植木两类。人工培育的移植木是经过各种技术措施培育的树木，移植后的树木能够适应各种生态环境，成活率较高。天然生长的移植木大部分生长在森林生态环境中，移植后不太能适应小气候生态环境，成活率较低。

2.4.1 移栽准备

应根据绿化布置的要求，坚持适地适树原则，确定好树种、品种、规格。描述大树的规格一定要全面，包括胸径、树高、冠幅、树形、树相、树势、朝向等。易于成活的树种有银杏、柳、杨、梧桐、臭椿、槐、忍冬等，较难成活的树种有柏类、松类、杉类、泡桐、核桃、白桦等。

大树移栽的适宜时间在3月下旬至4月上中旬。此时树木还处于休眠状态，树液尚未流动，但根系已开始萌动处于活跃状态，要做到随起、随运、随栽、随浇。北方最佳移栽时期是早春，适宜大树带土球移栽，较易成活的落叶乔木可裸根移栽。

> 根据树干姿态对大树进行修剪，获得较美观的造型。修剪养护成型后再进行移栽。

香樟树

为了提高移栽、销售效率，树苗圃经销商也会预先将大树开挖，对土球进行保护围合，并浇水养护，可存放3～5个月。

侧柏树

2.4.2　包装与运输

目前国内普遍采用人工挖掘后包装移栽法，适用于挖掘圆形土球、树木胸径为100～150 mm或稍大的常绿乔木，用蒲包、草片、草绳、塑编材料包装，为了防止水分散失、土球干燥，在草绳包装外裹上塑料薄膜。包装也可采用木箱包装移栽法，要挖掘方形土台，适宜移栽胸径为150～250 mm的常绿乔木。北方寒冷地区可用冻土移栽法。

运输装卸作业的好坏是影响大树移栽成活的关键环节。因为在运输装卸过程中往往容易造成土球散落、树皮损伤等后果，所以运输前要对树木做适量修剪，装卸过程中要慢装轻放、支垫稳固、适时喷水，并要尽量缩短运输装卸时间。

大树吊运是移栽中的重要环节之一，直接关系到树的成活、施工质量及树形的美观等。一般采用起重机吊装、滑车吊装和汽车运输的办法完成。无论是装、运、卸都要保证不损伤树干和树冠以及根部土球。用吊车卸下裸根大树时，先要确定树冠的朝向，一次性放在树坑中立稳。带土球的大树下车时，因土球重，不能一次定位，应斜放在树坑中，斜放时将树冠的朝向摆好。用吊车吊苗时，钢丝绳与土球的接触面应放1寸厚的木块，防止土球因局部受力过大而松散；钢丝绳与树干的接触处应裹上麻布等柔软的物品，以免损伤树皮。

用绳子将乔木中部绑扎，绑扎部位主要为分支构造下部，尽量避免破坏末梢枝叶。

用吊车将绳子勾住，同时在底部开挖土球，将乔木大树一并吊装搬离。

（a）绑固

（b）开挖

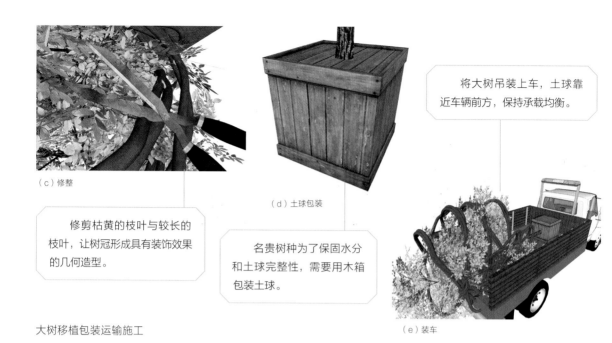

（c）修整

（d）土球包装

将大树吊装上车，土球靠近车辆前方，保持承载均衡。

修剪枯黄的枝叶与较长的枝叶，让树冠形成具有装饰效果的几何造型。

名贵树种为了保固水分和土球完整性，需要用木箱包装土球。

大树移植包装运输施工

（e）装车

2.4.3　定植

　　大树运到目的地后必须尽快定植。首先将大树轻轻斜吊于定植穴内，拆除缠扎在树冠上的绳子，配合吊车，将树冠立起扶正，仔细审视树形和环境，移动和调整树冠方向，要尽量符合原来的朝向，并将最佳观赏面朝向主要观赏方向，同时保证定植深度适宜。然后拆除土球外包扎的绳或箱板（草片等易烂软包装可不拆除，以防土球散开），分层夯实，把土球全埋于地下。最后做好水堰，渗足透水。栽植前要检查树坑的大小和深度是否符合要求、是否需要做排水设施、是否需要安装通气管等。栽培时要保持树木直立，分层埋土踏实。

1. 支撑

树木定植后，要进行相应的栽后抚育工作，主要包括设立支撑和围堰浇水等。要设立支架、防护栏支撑树干，防止因根部摇动、根土分离影响成活，支撑形式要因地制宜。由于树体较大，更要注意支柱与树干相接部分，要垫上蒲包片或撑丝，以防磨伤树皮。

（a）挖穴

用挖掘机在地面挖穴，挖穴宽度与深度均为土球各向直径的2倍。

（b）撒底肥

在坑穴中铺撒底肥，让底肥均匀铺在坑穴表面。

（c）吊装

拆除大树土球外的木箱，吊装至坑穴中。

（d）埋管

在吊装大树的同时，在坑穴中埋入3～6根 ϕ75 mmPVC排水管，用于日常给根部输送水肥。

（e）填土

定植后，对坑穴填土，注意不要阻塞PVC排水管。

（f）裁切支撑件

选择 ϕ80 mm左右的木杆，裁切成型。

用绳索将支撑件绑扎成梯形支撑状态，围合在树木底部周边。

进一步强化绑扎，即防风支撑件高度应达到大树高度的 25%，使固定效果更佳。

大树定植支撑施工　　（g）支撑绑扎　　　　　　　　　（h）加强固定

 2. 围堰浇水

大树移植后应立即围堰浇水，保证树根与土壤紧密结合，保持土壤湿润，促进根系发育。至于是否缠草绳、涂泥浆和设支撑，应视具体情况而定。

3. 养护管理

大树移栽后的精心养护，是确保移栽成活和树木成长的重要环节之一，决不能忽视。新移植的大树由于根系受损，吸收水分的能力下降，因此保证水分充足是树木成活的关键。除适时浇水外，还应根据树种和天气情况对树体进行喷水雾保湿或树干包裹，必要时可结合浇水进行遮阴。为了保持树干湿度，减少树皮水分蒸发，可用浸湿的稻草绳、麻包、苔藓等材料严密包裹树干和比较粗壮的分枝，从树干基部密密缠绕至主干顶部，再将调制的黏土泥浆糊满草绳，之后还可经常向树干喷水保湿。树体地上部分特别是叶面，因蒸腾作用而易失水，也要及时喷水保湿。大树移植初期或高温干燥季节，要搭棚遮阴，以降低棚内温度，减少树体的水分蒸发。

在大树底部用铁锹制作围堰，形态较大，直径与当初开挖的坑穴上表面面积相当。

深度浇水 2 ~ 3 遍，充分润湿。

（a）围堰　　　　　　　　　　（b）浇水

冬季或寒冷地区需要在大树基础枝
干外部缠绕草绳，保温保湿。

（c）缠草绳

（d）刷石灰

在冬季或虫害较
多的地区还需要在大树
基础枝干外部涂刷液态
石灰用于防虫。

根据植栽地区与气候，选用注射肥，吊挂
在枝干上，针头注入切开的树皮内侧缝隙中。

（e）注射肥

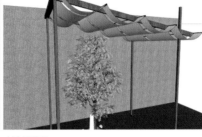

（f）遮阴棚

在日照充裕或炎
热地区，可用钢管或防
腐木搭建遮阴棚框架，
覆盖尼龙编织网遮挡阳
光，避免大树严重脱水。

大树养护管理

2.4.4　香樟树移植方法

香樟树的树冠呈广卵形，四季常绿，冠大荫浓，病虫害少，广泛用于庭院和小区绿化，是城市绿化的优良树种。香樟树移栽的最佳时间为萌芽期，即清明前后10～15天，移植方法有以下三种。

1. 截干法

截干法通常适用于胸径100 mm以上的香樟树，由于常年在原地生长，根系分布广而深，树冠冠幅大，不易移栽。为适于移栽并确保成活率，减少树冠水分和养分的消耗，一般采用截干法进行移植，其优点是可以控制树枝的分枝高度，吊装、运输方便，降低水分及养分的消耗，有利于提高成活率。缺点是近期绿化效果差，一般需要两年以上才能形成新的冠幅。

> 选择形态端庄、粗壮精干、枝叶茂密的香樟树。同时也要关注叶片是否饱满完整。

> 在主干上第一处分支部位附近进行截干，或根据植栽高度，统一在 2400 ～ 2800 mm 处截干。

香樟树截干

（a）选择树木　　　　　　　　　　　（b）截干

2. 断根缩冠法

移栽时将计划要移栽的香樟树在原地进行断根缩冠。其优点是移栽成活率高，树木恢复生长快，绿化效果也较好；缺点是周期长，投入费用较高。

> 在土球离地后，修剪土球外部多余的根须。

> 修剪较长较细的分支枝干，稳固营养与水分。

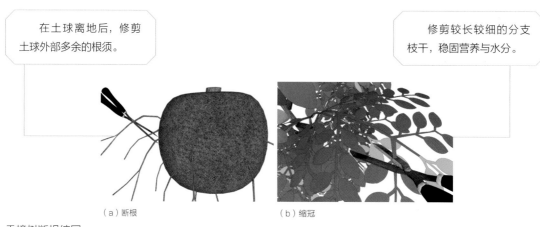

（a）断根　　　　　　　　　　　（b）缩冠

香樟树断根缩冠

3. 带冠移栽法

带冠移栽法基本上是保持原有树冠进行移栽，往往是为了立竿见影的景观效果和满足特定的要求。

树穴内要施腐熟的有机肥，穴内换疏松的土壤，以补充养分。对带冠移栽的大树，可在树冠顶安装喷淋装置，晴天时进行叶面喷雾。同时考虑叶面水分蒸发量过大，可以搭遮光棚，降低光照强度，从而减少水分的蒸发。待新枝萌发后，进行整形修剪，剪除弱枝、保留粗壮枝、培育新枝，对于树干上萌发的不定芽要及时抹除。

总之，为确保大树移栽成活，还是要坚持"三分栽，七分养"的原则。

3 花境绿化配植方法

庭院花境绿化

▲ 面积较小的露台庭院，多将绿化集中在周边护栏或围墙边，形成密集的花境组合，让绿化层次更加丰富。

 本章导读

　　花境绿化配植是庭院规划设计的重要环节。它包括两个方面：一是各种植物相互之间的配植，要考虑绿化品种的搭配，树丛的组合，平面和立面的构图、色彩、季相以及庭院意境；二是庭院植物与其他要素如山石、水体、建筑、园路等相互之间的配植。

花境绿化配植是一种模拟自然景观，以植物为主要材料，结合地形、地貌、水体、建筑等环境要素，创造出一种富有变化和层次的植物景观。配植原则需遵循以下几点。

3.1.1 缜密规划设计

绿化的配植，首先要从庭院设计的主题立意出发，并从庭院绿地的性质和功能来考虑；其次要选择适当的树种和配植方式来表现主题，体现设计意境，满足庭院的功能要求。在树种的选择上以观叶灌木为主，配以常年开花的观花灌木。

曲折流线规划

高低落差规划

庭院布局较方正的情况下，可以对道路流线进行曲折设计，通过绿化植物来引导动线、阻挡视线。分散的花境设计结合围墙，能让行走过程变得丰富有趣。

在庭院中设计高低落差，给面积较大的庭院划分区域。高低区域之间除了台阶，还可采用花坛来界定。庭院边角设计山石花境，与花坛形成呼应。

3.1.2 根据地域环境配植

配植庭院树木除了要体现一般设计意图，还要满足庭院树种的生态要求如光照、水分、温度、土壤等环境因素，才能使其正常生长并保持较长时间的稳定。

在庭院中引入流水并设计循环装置，便可植栽水生植物。将树池与鱼池相结合，高低错落，形成水流循环状态，同时将耐旱的台湾相思树与水中生长的水葱相结合，表现出浓郁的地域特色。

水葱

台湾相思树

运用循环流水装置

酸性土壤适合种植观花灌木，同时对庭院的光照与朝向有要求。绣球喜光耐半阴，不耐寒，喜肥沃而排水良好的疏松土壤。土壤酸碱度对花色影响极大，酸性土上开蓝色花，碱性土上开红色花。

绣球

利用土壤特性

3.1.3　适应气候

　　季候性原则既要体现色彩季相变化，又要发挥植物本身的形体美。树木的季相变化能够体现出庭院的时空感，并因此体现树木丰富多彩、交替出现的优美季相，做到四季各有重点。要充分利用庭院树木变化多端的外形，根据实际需要选择正确的配植方式来营造庭院空间。

热带与亚热带植物的观赏性较高，在地理、气候条件允许的前提下可充分选用丰富多彩的绿植，经过组合后形成丰富的视觉效果，满足不同季节的观赏需求。

鸡爪槭

袋鼠爪

香彩雀

蓝羊茅

茴藿香

适应气候配植植物

3.1.4　降低经济成本

在庭院种植观赏树木要尽量降低成本，最好能创造一定的经济价值。降低成本的途径主要有：节约并合理使用名贵树种，多用乡土树种，尽可能用小苗，遵循适地植树原则。创造经济价值主要是指种植有食用、药用价值的经济植物。

将建筑周边的自然野生植物引入庭院中，生长习性与环境相融合，成活率高，无需特殊维护。其中各种蕨类植物适应性强，是开放式庭院融入自然的首选。

庭院中以观花灌木为主，搭配少量观叶灌木或地被植物，能大幅度提升品种数量，在同一区域栽种多种观花灌木，整体成本低，能满足四季观赏需求。

马尾参　檀树　蕨　　　　苦草　栾树　　　　　　　　月季

红花檵木

花叶芦竹

石蒜

金鸡菊

运用周边野生植物　　选用观花灌木

3.2　绿化配植方式

　　庭院绿化配植方式是指庭院观赏绿化植物的搭配样式或排列方法。由于绿化植物品种较多，故精选确定品种后，需要根据自然审美进行搭配。人对自然界的认知丰富多样，要抓住共性审美，提炼出具有共鸣的配植方式，如唯一美、对称美、团组美、序列美，这些都可以逐一落实到庭院的绿化配植上，形成符合大多数人的共性美。下面介绍常见的绿化配植方式供参考。

3.2.1　孤植

　　孤植是指乔木或灌木的孤立种植类型，在庭院功能上，一是单纯作为构图艺术上的孤植树，二是作为庭院中庇荫和构图艺术相结合的孤植树。孤植树主要表现植株个体的特点，突出树木的个体美，如奇特的姿态、丰富的线条等。孤植树种植的地点要求比较开阔，不仅要保证树冠有足够的空间，还要有比较合适的观赏距离和观赏点。此外，孤植树作为庭院构图的一部分，不能是孤立的，必须与周围环境和景物相协调。

　　现代风格庭院中的绿化仅作为点缀存在，无需其他绿化植物呼应衬托，在庭院中央任意区域的孤植树木均能获得意想不到的效果。

孤植造景

3.2.2　对植

　　对植是指用两株相同或相似的树，按照一定的轴线关系，做相互对称或均衡的种植方式，主要用于强调庭院道路和出入口，同时结合庇荫和装饰美化的作用，在构图上形成配景和夹景。规则种植中，一般采用树冠整齐的树种，而一些树冠过于扭曲的树种则需使用得当。一般乔木距建筑物墙面要保持 5 m 以上，小乔木和灌木距离可酌情减少，但不能太近，至少要在 2 m 以上。自然式种植中，对植不是对称的，但左右仍是均衡的。

庭院区域呈圆环形对称布局，两盆盆栽金叶女贞在入口处形成对植形态，同时与弧形花坛中的冠盖绣球形成呼应，提升中央桌椅的存在感。

对植造景

3.2.3　丛植

　　丛植通常是指由两株到十几株同种或异种的乔木，或乔木、灌木组合而成的种植类型。配植树丛的地面，可以是自然植被、草坪、草花地，也可配植山石或台地。

　　丛植是庭院绿地中重点布置的一种种植类型，它以反映树木群体美的综合形象为主，所以要很好地处理株间、种间的关系。株间关系是指疏密、远近等因素，种间关系是指不同乔木以及乔木、灌木之间的搭配。在处理植株间距时，要注意在整体上适当密植，做到疏密有致，使之成为一个有机的整体。尽量选择有搭配关系的树种，要阳性与阴性、快长与慢长同现，组成树丛的每一株树木都能在统一的构图中表现其个体美。

修剪成球形的小叶黄杨组合布置，是丛植的典型表现，2～3株组合，形成错落视角，让庭院空间显得丰富自然。

丛植造景

3.2.4　篱植

凡是由灌木和小乔木以近距离行距密植，栽成单行或双行的结构紧密的规则种植形式，均称为绿篱或绿墙。篱植在庭院中的主要用途是围定场地、划分空间屏障或引导视线，还可作为雕像、喷泉、小型庭院设施物的背景，采取特殊的种植方式构成景点。

篱植多适用于庭院边缘围墙、栏板周边，让小乔木与灌木形成密集且整齐的排列状态，遮挡围墙、栏板，让整个庭院处于纯粹的自然界定区域中。

篱植造景

3.2.5　列植

列植又称为带植，是指成行成带栽植树木，多应用于临街或围墙的边侧，也适用于行道树、绿篱、林带及水边种植。种植的乔木按一定的株行距成排成行地种植，或对株距做变化处理，列植形成的景观比较整齐、纯粹、气势大。列植宜选用树冠比较整齐的树种，如圆形、卵圆形、倒卵形、椭圆形、塔形、圆柱形等。

排列在庭院两侧的乔木，植栽间距保持一致，同时将枝冠修剪成型，两列对向呼应，给中央草坪带来围合感。

列植造景

树群组合

树群组合必须结合生态条件，将喜阳与喜阴树木结合，如第一层乔木为喜阳的树种，第二层灌木可以是喜阴的树种。种植在乔木庇荫下及北面的灌木则是半阴性或阴性的，喜阳的植物应该配植在树群的南方和东南方。树群的外貌，要有高低起伏的变化，要注意四季的季相变化和美观。

3.2.6　群植

群植是由多数乔灌木（一般在 20 ~ 30 株以上）混合成群栽植而成的种植类型，树群所表现的主要为群体美。树群也像孤植树和树丛一样，可作为构图的主景。树群应该布置在足够开敞的场地上，如靠近林缘的草坪、宽广的林中空地、水中的小岛屿、宽阔水面的水滨、小山的山坡土丘等区域。树群主立面的前方，至少要在树群高度的 4 倍、树群宽度的 1.5 倍距离处留出空地，供人欣赏。

群植造型

群植植物可分区域布置，如位于庭院中央的区域以小灌木与地被植物为主，并通过道路与绿地来划分；位于庭院边缘的区域则可搭配乔木，具有遮阴功能。

3.2.7　中心植

中心植一般是指在庭院重要的位置，如对称式住宅庭院的中央、轴线交点等重要部位，种植树形整齐、轮廓端正、生长缓慢、四季常青的观赏树木。在我国北方地区可以采用桧柏、云杉等树种，在南方可以采用松、苏铁等树种。

在庭院中央轴线位置种植形体较明显的树木，会让整个庭院的视觉焦点集中于此。树木位于中央轴线时会干扰家具、通道的布局，也可以让家具、通道围绕此树木来布局，形成主次关系。

中心植造型

3.2.8　均衡植

按格网在交叉点种植树木，优点是透光、通风性好，便于管理和机械操作；缺点是幼龄树易受干旱、霜冻、日灼及风害，又易造成树冠密接。一般庭院绿地中极少应用。

在庭院中央精确测量间距，划分布局形式，将树木整齐、均衡地植栽在预先标记的位置，让庭院空间显得均衡饱满。均衡植栽的树木既可以成为主要观景点，又可以成为行走环绕的目标物。

均衡植造型

✔ 小贴士

树木配植要求

庭院绿化观赏效果和艺术水平的高低，在很大程度上取决于庭院树木的配植。庭院树木的配植要注意观花和观叶树木相结合，注意层次搭配，配植树木要有明显的季节性，要根据当地的气候、土壤、光照、环保、绿地性质等环境配植树种。

庭院植物与建筑的搭配是自然美与人工美的结合，若处理得当，二者关系便可和谐一致。植物丰富的自然色彩、柔和多变的线条、优美的姿态与风韵都能为建筑增添美感，使之产生生动活泼而具有季节变化的感染力，使建筑与周围的环境更为协调。

3.3.1 建（构）筑物绿化

建（构）筑物绿化主要包括门、窗、墙、角隅、平台等处的植物配植。

 门

门是出入庭院的必经之处，门和墙连在一起，起到分隔空间的作用。充分利用门的造型，以门为框，通过植物配植，与路、石等进行精细地艺术构图，不仅可以入画，还可以扩大视野、延伸视线。比如下图中棕竹小巧的姿态和叶裂片的线条可以打破门框机械的构图。

将原本较宽的庭院大门缩窄，主大门两侧用木质格栅板围合出功能空间。在庭院内侧摆放花箱，并采用防腐木制作地台提升空间高度，让大门通行区更显著，引导出入。

庭院大门绿化

2. 窗

可以充分利用窗户作为框景构造，安坐室内，透过窗户观赏庭院中的绿化植物，俨然一幅生动画面。由于窗框的尺度是固定不变的，而植物却在不断生长，随着生长，植物体量增大，会破坏原来画面，因此要选择生长缓慢、变化不大的植物。为了突出植物主题，窗框的花格不宜过于复杂，以免喧宾夺主。

建筑窗景绿化

在建筑窗户下沿外层制作花架，植栽攀爬植物，给庭院桌椅休闲区提供遮阴。打开窗户，花架与植物尽收眼底，获得赏心悦目的视觉效果。

3. 墙

墙的正常功能是承重和分隔空间。在庭院中可以利用墙体栽培植物，继而发展成美化墙面的墙园。墙园大多采用藤本植物或经过整形修剪的观花、观果的灌木，甚至会利用极少数乔木来美化墙面，辅以各种球根、宿根花卉作为基础栽植。

墙面藤本植物

预先制作蜿蜒环绕造型的支架，让藤本植物沿着支架生长，待绿化成型后再将支架靠近墙壁，组成具象几何造型，给庭院增添古典艺术氛围。

4. 角隅

建筑角隅的线条生硬，通过植物配植缓和角隅的生硬氛围最为有效。宜选择观果、观叶、观花、观干等多种类植物成丛配植，也可略做地形，竖石栽草，再植些优美的花灌木组成一景。

在建筑角隅制作花坛，植栽藤本植物与观花灌木，由于植栽面积较小，藤本植物生长高度较低，仅对建筑角隅进行绿化。

建筑角隅绿化

3.3.2 屋顶庭院绿化

屋顶庭院使建筑与植物更紧密地融成一体，丰富了建筑的美感。屋顶庭院的植物配植是指植物栽植于建筑物顶部、不与大地土壤连接的绿化。

1. 屋顶绿化特点

屋顶绿化与大地隔离，因此，屋顶种植的植物所需的水分完全依靠自然降水和浇灌。由于建筑荷载的限制，屋顶的种植土土层厚度较浅，有效土壤水的含量小，土壤易干燥。此外，屋顶接受太阳辐射强，光照时间长，对植物生长有利。屋顶温差变化大，夏季白天温度比地面高 3 ℃ ~ 5 ℃，夜间又比地面低 2 ℃ ~ 3 ℃；冬季屋面温度比地面高，有利于植物生长。但是，屋顶风力比地面大 1 ~ 2 级，对植物发育不利。屋顶湿度比地面低 10% ~ 20%，植物蒸腾作用强，更需保水。

屋顶天井庭院

屋顶阳台

2. 屋顶绿化的种植设计

屋顶植物绿化材料一般选择适应性强、耐干旱、耐贫瘠、喜光的花、草、地被植物、灌木、藤本植物和小乔木，不宜选用根系穿透性强和抗风能力弱的乔木、灌木。其布置形式主要有花园形式、色块图案形式和应季布置形式。屋顶绿地分为坡屋面和平屋面两种形式。坡屋面多选择贴伏状藤本或攀缘植物。平屋面以种植观赏性较强的花木为主，并适当配植水池、花架等小品，形成周边式和庭院式绿化。屋顶绿化数量需经过荷载计算确定，考虑绿化的平屋面荷载为 500 ~ 1000 kg／m²，为了减轻屋顶的荷载，栽培介质常用轻质材料按比例混合而成。

屋顶墙角绿化

屋顶空气流通性较强，可以在周边女儿墙上增加围栏，减少植物水分蒸发，配植的绿植以观叶保水性较好的品种为主。

屋顶中央花坛绿化

在屋顶中央遮阳棚立柱处制作花坛，缓解立柱的生硬感，花坛中以植栽小型观叶、观花或地被植物为佳。

3.3.3　攀缘植物造景

攀缘植物造景是一种庭院绿化配植方式，利用攀缘植物在庭院的外墙、阳台、窗台、屋顶等部位进行绿化，达到美化环境、提升庭院景观品质的效果，形成富有特色的绿色景观。

攀缘植物选择基础

必须考虑不同习性的攀缘植物对环境条件的不同需求，并根据攀缘植物的观赏效果和功能要求进行设计。东南向的墙面或构筑物前应种植喜阳的攀缘植物，北向墙面或构筑物前应栽植耐阴或半耐阴的攀缘植物。植物种植带以宽度在 500 ～ 1000 mm、土层厚 500 mm，根系距墙 150 mm、株距为 500 ～ 1000 mm 为宜。容器（种植槽或盆）栽植时，高度应为 600 mm，宽度为 500 mm，株距为 2 m，容器底部应有排水孔。

墙面攀缘植物

地锦、牵牛是最常见的墙面攀缘植物，在墙面底部植栽即可获得较好的垂直绿化效果，但是这类植物生长无明显规律，攀缘在墙面后，覆盖不均匀，只可形成纯粹的自然田园风格。

❷ 攀缘植物造景形式

攀缘植物要在考虑其周围环境的前提下进行合理配植，在色彩和空间大小、形式上协调一致，并努力实现品种丰富、形式多样的综合景观效果。此外，还应丰富观赏效果（包括叶、花、果、植株形态等），使品种间搭配合理，如地锦与牵牛、紫藤与茑萝。要做到丰富季相变化，远期、近期结合，开花品种与常绿品种相结合。攀缘植物的造景形式有以下几种：

（1）点缀式。以观叶植物为主，点缀观花植物，实现色彩丰富的庭院效果。如地锦中点缀凌霄、紫藤中点缀牵牛等。

（2）花境式。几种植物错落配植，观花植物中穿插观叶植物，呈现植物株形、姿态、叶色、花期各异的观赏景致。如大片地锦中有几块爬蔓月季、杠柳中有茑萝和牵牛等。

从地面一角生长起来的攀缘植物，拓展到墙面后，形成自然布局且呈放射性覆盖，达到点缀装饰效果。

点缀式

在庭院主要通道两侧混搭多种观花、观叶攀缘植物，搭配座椅、盆栽灌木，形成局部花境效果。

花境式

（3）整齐式。体现有规则的重复韵律和同一的整体美，成线成片，但花期和花色不同。应力求在花色的布局上达到艺术化，创造出美的效果。

（4）悬挂式。在攀缘植物覆盖的墙体上悬挂应季花木，丰富色彩，增加立体美的效果。需用钢筋焊铸花盆套架，用螺栓固定，托架形式应讲究艺术构图。花盆套圈负荷不宜过重，应选择适应性强、管理粗放、见效快、浅根性的观花、观叶品种。布置要简洁、灵活、多样，富有特色。

（5）垂吊式。自庭院棚架顶、墙顶或平屋檐口处，放置种植槽或盆，种植花色艳丽或叶色多彩、飘逸的下垂植物，让枝蔓垂吊于外，既能充分利用空间，又能美化环境。材料可用单一品种，也可利用季相不同的多种植物混栽，如凌霄、木香、蔷薇、紫藤、常青藤、菜豆、牵牛等。容器底部应有排水孔，容器式样应轻巧、牢固、不怕风雨侵袭。

整齐式

用钢丝编织出几何造型，安装在墙面上，来自墙角底部的攀缘植物攀爬至钢丝上，并做修剪引导，最后获得整齐的墙面绿化图案。

悬挂式

垂吊式

搭建金属构件，获得攀缘植物生长媒介，最后形成自上而下的悬挂式绿化布景，无需花费过多的时间、精力进行管理，即可获得不错的植物造景效果。

在亭子顶部放置存土容器并种植攀缘植物或小灌木，植物无向上生长的空间，只能向下垂吊，形成垂直绿化造景。

❸ 攀缘植物栽植

先确定坑（沟）位，再定点挖坑（沟），保证坑（沟）穴四壁垂直，坑径（或沟宽）应大于根径100～200 mm。栽植前，根据土壤实际情况结合整地，向土壤中施基肥。肥料宜选择腐熟的有机肥，每穴应施0.5～1.0 kg。将肥料与土拌匀，施入坑内。栽植后应做树堰，树堰应坚固，用脚踏实土埂，以防跑水。

在草坪地栽植攀缘植物时，应先起出草坪，栽植后24小时内必须浇足第一遍水，第二遍水应在2～3天后浇灌，第三遍水隔5～7天后进行。浇水时若遇跑水、下沉等情况，应随时填土补浇。

下面介绍一种墙面攀缘植物绿化植栽的施工方法。

在墙面砌筑花坛，墙面上方焊接型钢，将土置入砌筑的花坛中，在花坛中挖坑，植入攀缘植物。

爬山虎

（a）墙地面放线定位

采用激光水平仪在墙地面放线定位。

（b）砌筑花坛

采用 1 : 2 水泥砂浆与轻质砖砌筑花坛。

（c）裁切型钢

根据设计测量尺寸，采用台锯裁切 120 mm 槽钢。

（d）焊接型钢

采用电焊枪焊接槽钢，形成攀缘植物支架。

（e）装填种植土

在砌筑完成的花坛中装填种植土。

（f）挖坑穴

在种植土中挖坑穴，坑穴形态要大于植栽土球体积的 1.5 倍。

（g）铺设基肥

（h）植物植栽

（i）填入土壤

在坑穴中铺设基础肥料，均匀铺在坑穴表面。

在坑穴中固定焊接型钢框架，保持垂直，如果可以固定在周边墙面上则更佳，将攀缘植物植栽至坑穴中。

在坑穴中填入土壤，保持蓬松状态。

（j）浇水

浇水2遍，保持充分润湿。

攀缘植物植栽施工

④ 攀缘植物养护

要做到植株无主要病虫危害的症状，生长良好，叶色正常，无脱叶落叶的现象，就要认真采取保护措施，不能缺株，不能有严重人为损坏，最终才能实现连线成景的效果。平时要修剪及时，保证植株疏密适度，使其长年维持整体效果。此外，垂直绿化需要对植物做牵引，使其朝指定方向生长，牵引要从植株栽后至植株本身能独立沿依附物攀缘为止。

攀缘植物植栽朝向

当庭院中没有墙面可供攀缘植物生长时，为了造景，可以特意砌筑一面墙，为了提升墙面的审美，可不做抹灰饰面，并开设窗户，形成怀旧感。生长攀缘植物的墙面应当朝南，拥有充足的采光，让攀缘植物获得良好的光合作用。

沿立柱向上攀缘的植物，在立柱底部应当砌筑花坛，缩短垂直生长的距离。待其生长到庭院花架顶部后，再编织成型，模拟出花篮、吊灯的形态，形成聚集感。

正向挂置

攀缘植物浇灌

水分是植物生长的关键，在春季干旱的天气里，直接影响到植株是否成活。新植和近期移植的各类攀缘植物，应连续浇水，直至植株不浇水也能正常生长为止。要掌握好 3 ~ 7 月植物生长关键时期的浇水量。要做好冬初浇灌，以便植物防寒越冬。由于攀缘植物根系浅、占地面积少，因此在土壤保水力差的地域或天气干旱的季节里要格外重视浇水工作。

3.4　环境绿化

绿化设计要与庭院地势、水体、道路等环境因素相匹配，与环境形成一体化视觉效果。

3.4.1　地势

绿化与地势要统一，通过绿化的合理配植，可以改变地形或突出地形。如在地形起伏的高处栽大乔木、低处配矮灌木，可突出地形的起伏感，反之则有平缓的感觉。在地形起伏处配植观赏树木，要考虑衬托或加强原地形的协调关系。如在陡峭岩坡配植尖塔形树木，在圆土坡处则配植观赏树木，使其轮廓相协调，增加柔美匀称的感觉。

阶梯地势庭院

坡地中央庭院

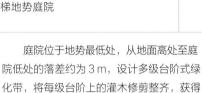

庭院位于地势最低处，从地面高处至庭院低处的落差约为3m，设计多级台阶式绿化带，将每级台阶上的灌木修剪整齐，获得剧院式序列美感。

庭院位于坡地中央，向上种植多种观花灌木，并制作挡土墙，保证庭院休闲空间的干净整洁；向下修建游泳池，获得良好的观景视野。

3.4.2　水体

　　水是构成景观的重要因素，水体给人明净、清澈、近人、开怀的感受。庭院中的各类水体，无论其在庭院中是主景、配景或小景，都需要借助植物来丰富水体的景观。水中、水旁植物的姿态、色彩均加强了水体的美感，有的绚丽夺目、五彩缤纷，有的则幽静含蓄、色调柔和。

庭院中央水池

庭院边角水池

庭院中央水池会占据宝贵的庭院空间，可以将汀步与绿化都注入其中，在汀步间植栽小灌木，在水池中点缀水生植物。

庭院边角的水池是绿化植物的重要配景，从庭院高处引入流水，配合台阶地势，形成动态效果，将花坛与水池融为一体。

3.4.3　道路

　　庭院道路变化多样，因为没有整齐的路缘，所以树木不一定要种成行道树的模样，布局要自然、灵活且富有变化。只有在主干道或入口处强调主景时，才采用整齐规则的配植方式。庭院中还常常采用林中穿路、竹中取道、花中求径等方法，使得道路变化有致。

自由道路绿化

　　人行道较宽且人流量不大时，可以结合建筑特点，因地制宜在人行道中间设计出或方或圆或多边形的花境、水池。花境内可采用小乔木、灌木和花卉交互配植，形成层次感，也可以用花灌木或花卉片植成图案。

　　种行道树的目的是为了美化、遮阴和防护。采用单排行道树，绿化遮阴效果较差，但是能引导人的视线，将视线集中至庭院与主体建筑上。

单排行道树道路

杜英

落叶松

栾树

鸡爪槭

长寿花

金钱木

冬青

红桑

桫椤

无花果

花境与道路融合

在庭院中设计多处花坛，打造花境效果，对庭院道路形成挤压，呈现蜿蜒环绕的动态造型，并延伸至草坪坡地上。

月季

栾树

剑兰

绣球

马尼拉草

花篱与道路组合

在较大的庭院中全部布置绿化植物，可以采用木质花篱分隔空间。花篱可设计成门洞造型，形成不同区域之间的分界，由此铺设防腐木道路，形成便利的通行空间。

4 绿化构造设计施工

庭院花境

▲ 庭院花境营造除了需要堆积与围合，还需要搭配构造施工，将花境区域限制在局部空间内，将多种观花、观叶的植物品种相互搭配，形成丰富的视觉效果。

 **本章导读**

　　花境绿化实施需要整合庭院中的土木构造，将多种材料运用到花境绿化构造中来，制作成所需要的庭院造景元素。本章从绿化植物修剪移植到多种构造形态进行剖析，分析设计本质与施工过程，全面介绍庭院中花境绿化的实施方法。

树篱与围栏

树篱与围栏是庭院绿化的重要组成部分。树篱可对庭院空间进行分隔，营造出多种功能区。围栏可限定花境的生长区域，打造具有集中感与氛围感的花境地域。

4.1.1　树篱施工

首先，将树苗沿着直线种植，左右两边设置立柱。在适当的高度，在立柱中间搭一根横木，种植时沿着横木方向进行，并将树苗固定在横木上，设置树篱的理想高度标杆。

然后，搭建修剪高度标杆与最大高度标杆，修剪高度标杆的高度应根据树苗植栽景观需求来设定，最大高度标杆应高于修剪高度标杆约 200 mm。

最后，当所有树苗顶端都超过最大高度标杆时，沿着修剪高度标杆进行修剪，剪去粗枝条，让树苗顶部保持整齐。剪去粗枝后的树木长出小枝叶，就能变成浓密的树篱。

理想高度标杆

将树苗沿直线种植。左右两侧立上柱子，在中间搭上一根横木，沿着横木种植树苗并将树苗绑在横木上固定，树苗间距一般为 400 mm 左右。

（a）搭建理想高度标杆

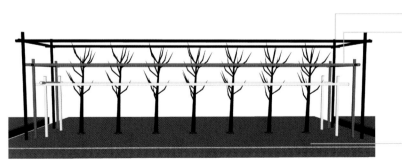

最大高度标杆
修剪高度标杆

剪掉粗树枝。当树枝顶端长到最大高度标杆时就修剪，修剪高度为修剪高度标杆的高度，将粗枝剪成短小枝。

（b）搭建修剪高度标杆与最大高度标杆

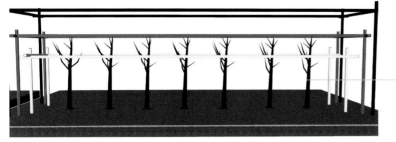

经过仔细修剪后，下方的树枝与树干上就会长出很多小枝，变成浓密的树篱。

（c）修剪完成

树篱的制作方法

4.1.2　围栏施工

防腐木板制作的围栏较高，围合感较强，适用于庭院内部功能区域界定。木桩制作的围栏较低，适用于花境区域界定。

选用防腐木板制作围栏时，首先，计算好材料用量，使用木工锯将材料切割成设计尺寸，并对木料边角进行修饰，木料入地深度约200 mm，木料整高可为800 mm。然后，根据尺寸采用螺钉将木料钉接起来，木料之间的结合处除了用螺钉，还需要增加白乳胶强化固定。接着在地面挖坑，坑底要夯实，可以用较粗的木桩打压坑底。最后，将制作完成的围栏放入坑内，用橡皮锤敲击固定，缝隙处填土，表面再次压实，同时注意调试平整。

防腐木板的价格相对低廉，安装成型整齐，结构简单，是目前庭院围栏的主要构造材料。

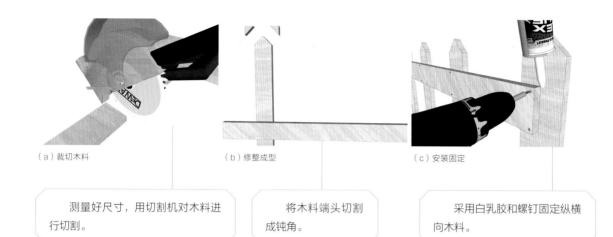

（a）裁切木料

（b）修整成型

（c）安装固定

测量好尺寸，用切割机对木料进行切割。

将木料端头切割成钝角。

采用白乳胶和螺钉固定纵横向木料。

 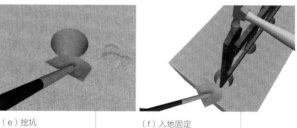 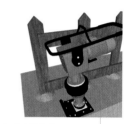

（d）涂刷木蜡油

（e）挖坑

（f）入地固定

（g）安装完成

木料表面涂刷木蜡油2～3遍。

在地面测量间距后挖坑并夯实，深度在150 mm左右。

将制作好的木质围栏插入坑中，并回填土壤。

用打夯机将坑洞周边夯实。

防腐木板围栏施工

　　当花境区域界定不太明显时，可以选用防腐木桩制作围栏，制作方法与防腐木板基本相同，只是每根木桩都要置入混凝土层中，形成稳固的构造。

　　首先，计算好材料用量，使用原木锯将材料切割成设计尺寸，晒干并涂刷木蜡油。然后，在地面开挖坑槽，设计深度约300 mm，木桩预留土层上部为150～600 mm不等。接着夯实坑槽底部，在坑槽底部铺设碎石层与混凝土。再将木桩逐一置入坑槽中，保持垂直，并回填部分混凝土。最后，回填土壤并压实固定，并在外露部位再次涂刷木蜡油，同时注意调试平整。

防腐木桩围栏

　　将防腐木桩置入土层中需用混凝土作为黏合材料，不宜通过垂直敲击的方式将木桩钉入土壤中，避免土壤干燥脱水后松动。

（a）裁切木料

（b）涂刷木蜡油

（c）挖坑槽

采用切割机裁切木料，长度为 500 ~ 800 mm 不等。

木料表面涂刷木蜡油 2 ~ 3 遍。

在地面挖坑槽，深度约 300 mm。

（d）坑槽底部夯实

（e）铺设碎石层

（f）铺设混凝土层

采用木杆与胶合板钉接成打夯杆，将坑槽底部夯实。

在坑底铺设粒径 30 mm 左右的碎石，厚约 50 mm。

在碎石层上铺设 C20 混凝土，厚约 50 mm。

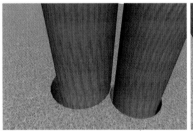

（g）置入木桩

（h）回填混凝土

（i）回填土壤并夯实

将木桩置入坑内，插入混凝土层中。

在缝隙中回填 C20 混凝土。

在表面回填土壤并夯实。

防腐木桩围栏施工

树木是庭院中的主要绿化元素，尤其是乔木，需要设计制作构筑物来维持生长环境。下面介绍四种常见的围绕树木的构筑物的设计施工方法。

4.2.1 树池盖板

树池盖板主要用于树池表面，封闭树木土层上的表面土壤，避免土壤流失，需要将镂空板覆盖在树池表面。

树木盖板

> 树池上表面与地面环境平齐，树池周边需砌筑石材整合树池形态。树池上表面先铺设碎石，再铺设盖板，部分名贵树种还需要预留水肥管，保障肥料供给均衡。

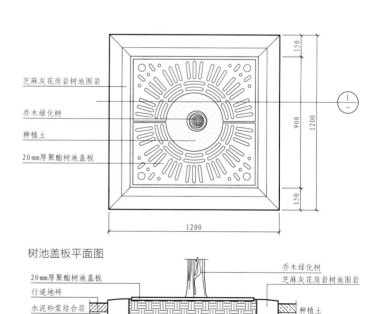

树池盖板平面图

芝麻灰花岗岩树池围岩
乔木绿化树
种植土
20 mm厚聚酯树池盖板

> 在铺设树池盖板之前，需要对植栽树木的地面周边进行开挖，组成铺装基层材料，最后砌筑花岗岩进行围合。

20 mm厚聚酯树池盖板
行道地砖
水泥砂浆结合层
C15混凝土垫层
碎石垫层夯实
素土夯实

乔木绿化树
芝麻灰花岗岩树池围岩
种植土

树池盖板剖面图

根据设计图纸测量尺寸，采用钢筋做好标记并放线定位。

（a）放线定位

（b）挖基坑

在地面开基挖坑，深度600 mm左右。

坑底平整处理并采用打夯机夯实。

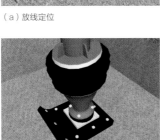

（c）底部夯实

（d）制作围合模板

在基坑内制作围合模板，模板采用厚10 mm的水泥板制作，形成长方体模块后，置于基坑中央。

在周边宽200 mm空间内铺设粒径30 mm左右的碎石，厚50 mm。

（e）铺设碎石层

（f）铺设混凝土层

在碎石层上浇筑C15混凝土，浇筑至距离地面100 mm。

（g）铺设水泥砂浆结合层

（h）砌筑花岗岩石材

（i）拆除模板

在混凝土表面铺设1：1水泥砂浆结合层，厚50 mm。

砌筑经过加工切割的成品花岗岩石材。

拆除中央水泥板模板。

在基坑内施底肥，厚 50 mm。

（j）施底肥

将乔木移植到基坑中并填入少量土壤固定。

（k）置入树木

树木主干周边预埋 ϕ 75 mmPVC 水肥管。

（l）预埋水肥管

在基坑内填入种植土。

（m）填土

采用耙子将种植土表面找平。

（n）表面找平

铺设彩色瓜米石，厚 20 mm。

（o）铺设瓜米石

铺设定制尺寸的聚酯树池盖板。

（p）铺设盖板

浇水 2 ~ 3 遍完成。

（q）浇水

树池盖板施工

4.2.2 树池坐凳

树池坐凳是在树池的基础上，将地面平齐的构造向地面上部提升，提升高度达到450 mm左右，形成坐凳造型，满足人在庭院中的休息行为。

树池坐凳

树池坐凳是在树木植栽完成之后制作的，或对现有树池进行改建。坐凳上表面铺设塑木板，同时注重树池上表面的排水功能。

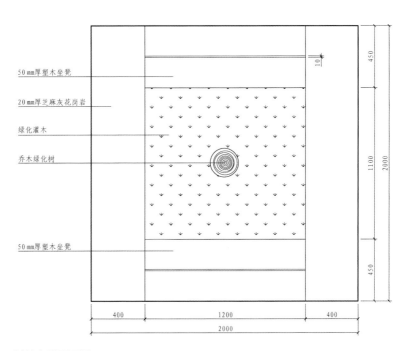

50 mm厚塑木坐凳

20 mm厚芝麻灰花岗岩

绿化灌木

乔木绿化树

50 mm厚塑木坐凳

450
1100
2000
450
10
400　1200　400
2000

树池坐凳平面图

乔木绿化树
50 mm厚塑木坐凳
20 mm厚芝麻灰花岗岩

溢水缝隙

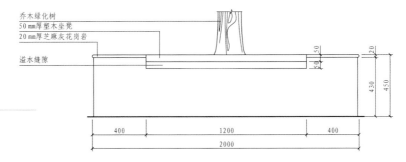

50
50
20
430
450
400　1200　400
2000

树池坐凳内部填充的土层不宜过高，避免树木主干外围缺失养分导致枯萎。

树池坐凳立面图

根据设计图纸测量尺寸，采用钢筋做好标记并放线定位。

（a）放线定位

在地面开挖基坑，深度 300 mm 左右。

（b）周边挖坑槽

坑底平整处理并采用打夯机夯实。

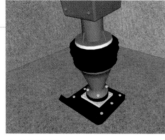

（c）底部夯实

在坑底铺设粒径 30 mm 左右的碎石，厚 50 mm。

（d）铺设碎石层

碎石层上铺设 1：2 水泥砂浆结合层，厚 50 mm。

（e）铺设水泥砂浆结合层

采用轻质砖砌筑围合墙体，直至高于地面 400 mm。

（f）砖体砌筑

采用素水泥在砌筑侧表面铺贴厚 20 mm 的花岗岩板材。

（g）侧面铺贴花岗岩

对厚 4 mm 的不锈钢钢板切割整形并钻孔。

（h）切割角型钢

焊接成转角状，形成固定连接件。

（i）固定角型钢

采用石材粘结剂粘贴固定至花坛围堰上表面。

（j）使用免钉胶固定

采用螺钉与免钉胶粘贴塑木坐凳。

（k）安装塑木坐凳

采用素水泥浆在砌筑上表面铺贴厚 20 mm 的花岗岩板材。

（l）铺贴上表面花岗岩

配植混合新土，多为 40% 腐叶土或椰壳土、40% 营养土、20% 砂石。

（m）配植混合新土

在基坑内填入混合土。

（n）土层填入

在基坑内植栽树木，树木置于基坑中央。

（o）植栽树木

浇水 2 ~ 3 遍完成。

（p）浇水

树池坐凳施工

4.2.3 树箱

树箱又称为移动树池，可以根据需要移动位置，能将小乔木与较大灌木种植在其中。树箱具体造型比较丰富，大多会采用防腐木与不锈钢等多种材料组合制作，形成坚固且具有装饰效果的构造。

树箱是一个独立的植栽盆，将形体适中的绿植种植在树箱中，可以随时移除、更换树箱中的绿植品种，还能在树箱底部安装滚轮，方便移动。

树箱

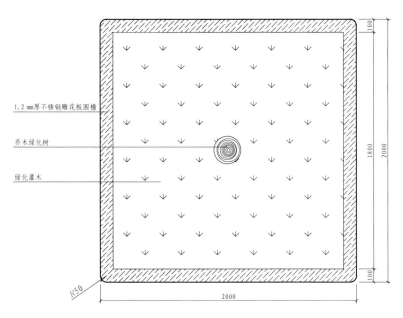

1.2 mm厚不锈钢雕花板围檐

乔木绿化树

绿化灌木

100

1800　2000

100

R50

2000

树箱平面图

乔木绿化树

1.2 mm厚不锈钢雕花板围檐

20 mm厚樟子松防腐木

1.2 mm厚不锈钢钢板围檐

120　120

10

100

560　910

120

2000

　　树箱内部构造为钢结构焊接，外部铺设防腐木与不锈钢板饰面，让结构显得更加坚固耐用。

树箱立面图

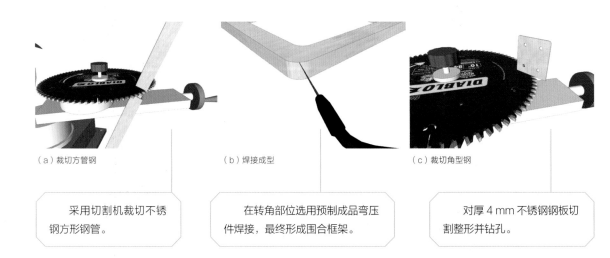

（a）裁切方管钢

（b）焊接成型

（c）裁切角型钢

　　采用切割机裁切不锈钢方形钢管。

　　在转角部位选用预制成品弯压件焊接，最终形成围合框架。

　　对厚4 mm不锈钢钢板切割整形并钻孔。

（d）焊接支撑

焊接成转角状，形成固定连接件，焊接至围合框架上。

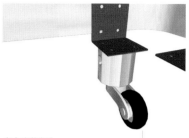

（e）涂刷防锈漆

涂刷防锈漆2遍。

（f）安装脚轮

安装底部脚轮。

（g）裁切防腐木龙骨

根据设计需要，采用切割机裁切防腐木龙骨。

（h）安装防腐木龙骨

将防腐木龙骨安装至围合框架上，可采用自攻螺钉固定。

（i）涂刷木蜡油

在防腐木构造上涂刷木蜡油2遍。

（j）裁切防腐木围板

根据设计需要，用切割机裁切防腐木围板。

（k）安装防腐木围板

将防腐木围板安装至龙骨上，可采用自攻螺钉固定。

（l）打磨边角

采用打磨机打磨不锈钢框架边角。

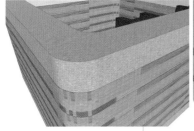

（m）铺设不锈钢板

在框架表面铺设一层厚 0.8 mm 的不锈钢板。

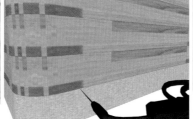

（n）焊接不锈钢板边缘

将不锈钢板拼接后焊接。

（o）接缝注胶

在接缝处注入聚氨酯结构胶。

（p）铺设内部衬板

在箱体内部铺设铝合金板或镀锌钢板当作衬板。

（q）铺设钢丝网

在衬板上铺设钢丝网。

（r）铺双层无纺布

在钢丝网上铺双层无纺布。

（s）装入底土

在箱体内装填种植土底土，厚 200 mm。

（t）植入树木

植入树木，居中放置，保持垂直。

（u）回填并浇水

回填种植土，并浇水 2 ~ 3 遍完成。

树箱施工

4.2.4 弧形树池

弧形树池是根据周边环境与空间面积设计的异型绿化设施。在传统砖体砌筑构造的基础上，增加了弧形转角，并且需要在建造过程中时刻把控好圆角造型的幅度。

根据地面基础制作围合模板，在模板内逐层填压，在外围塑造成梯形构造，并铺贴花岗岩石材，中央留出树池开口，最后植栽树木。

弧形树池

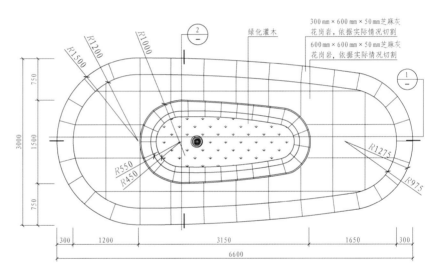

弧形树池平面图

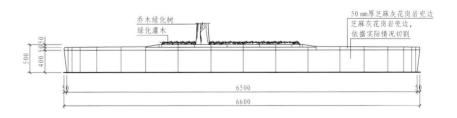

弧形树池立面图

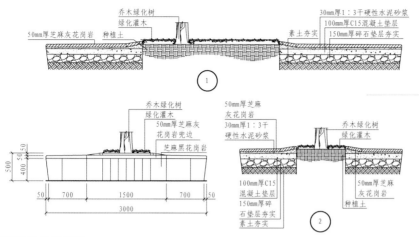

弧形树池构造详图

乔木绿化树
绿化灌木

50mm厚芝麻灰花岗岩　种植土

30mm厚1:3干硬性水泥砂浆
100mm厚C15混凝土垫层
150mm厚碎石垫层夯实

素土夯实

①

乔木绿化树
绿化灌木
50mm厚芝麻灰花岗岩兜边
芝麻黑花岗岩

50mm厚芝麻灰花岗岩
30mm厚1:3干硬性水泥砂浆

乔木绿化树
绿化灌木

100mm厚C15混凝土垫层
150mm厚碎石垫层夯实
素土夯实

50mm厚芝麻灰花岗岩
种植土

50 50
500 400

50 700 1500 700 50
3000

②

砌筑树池的目的在于塑造一处现代风格的庭院造景，强化树木的存在感，为人提供休闲坐凳区。树池内部逐层垒砌提升，强化构造基础的稳固性。

（a）放线定位

根据设计图纸测量尺寸，采用钢筋做好标记并放线定位。

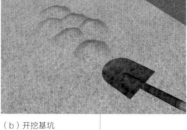

（b）开挖基坑

在地面开挖基坑，深度 500 mm 左右。

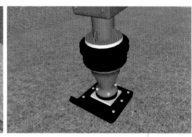

（c）基坑夯实

坑底平整处理并采用打夯机夯实。

（d）修整边缘

采用厚 12 mm 的胶合板围合成椭圆弧形，采用切割机修整边缘。

（e）固定支撑模板

将围合模板放入基坑内，固定支撑。

（f）铺装碎石

在围合界面外铺装碎石，采用石材粘结剂将粒径 20 mm 的碎石相互粘贴，厚度为 30 mm 左右。

（g）喷射混凝土

在碎石层表面喷射 C15 混凝土，厚 80 ~ 100 mm。

（h）拆除模板

拆除围合模板。

（i）侧壁铺设钢丝网

在碎石层表面铺设钢丝网。

（j）侧面喷射混凝土

在碎石钢丝网层表面喷射 C15 混凝土，厚 80 ~ 100 mm。

（k）侧面水泥砂浆抹灰找平

采用 1 ：1 水泥砂浆找平，混凝土喷射侧面。

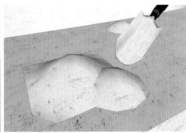

（l）上顶面水泥砂浆抹灰找平

采用 1 ：1 水泥砂浆找平，混凝土喷射上顶面。

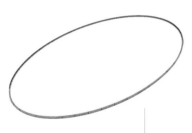

（m）定制圆角整形花岗岩饰边

定制圆角整形花岗岩饰边，石材厚 20 mm，分段长度 300 ~ 600 mm。

（n）修饰圆角

采用石材粘结剂将圆角整形花岗岩饰边粘贴至边角，并修饰平整。

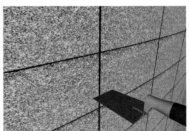

（o）侧面铺贴花岗岩

在树池侧面采用素水泥铺贴厚 20 mm 花岗岩板材。

（p）顶面铺贴花岗岩

在树池顶面采用素水泥铺贴厚20 mm 花岗岩板材。

（q）装入底土

在树池内装入种植土底土。

（r）植入树木

树木栽至池内，位于中央，保持垂直。

（s）回填土层

回填种植土，并制作防风支架。

（t）植栽灌木

在主要乔木周边植栽灌木。

（u）浇水

浇水 2～3 遍完成。

弧形树池施工

4.3　花境构造

　　花境的组合概念比较模糊，需要多种构造媒介来支撑，植栽小灌木与地被植物的构造很丰富，下面介绍几种常见的花境构造。

4.3.1　花坛

砌筑花坛

> 由地面基础开始砌筑砖体构造，在花坛的基础上还增加了座椅，座椅区的座面与靠面需要涂刷防水层。

　　砖砌构造相对坚固，是构建庭院花境的首选。花坛的围合性较强，能将植栽土壤严格限定在区域范围内，为绿植提供稳定的水土资源。

> 根据设计图纸测量尺寸，用钢筋做好标记并放线定位。

（a）放线定位

> 在地面开挖基坑，深度 300 mm 左右。

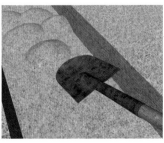

（b）开挖基坑

> 坑底平整处理并采用打夯机夯实。

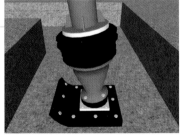

（c）基坑夯实

> 在坑底铺设粒径 30 mm 左右的碎石，厚 50 mm。

（d）铺设碎石

> 在碎石层上浇筑 C20 混凝土，浇筑厚 100 mm。

（e）浇筑混凝土

> 采用 1：2 水泥砂浆砌筑轻质砖，形成花坛构造，超出地面高度 300 mm。

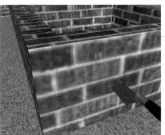

（f）砌筑砖体构造

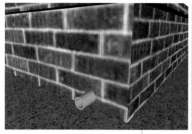

（g）预留排水口

（h）砌筑台檐

（i）砌筑上层

在砌筑构造底部预埋 ϕ 50 mm 排水管，排水管连通花坛内外。

采用 1 ： 2 水泥砂浆砌筑轻质砖，制作花坛檐口，檐口向外凸出 50 mm，檐口上表面距离地面高度约 420 mm。

继续砌筑上层构造，上层构造上表面距离地面 780 mm。

（j）表面抹灰

（k）涂刷防水层

（l）腻子找平

采用 1 ： 2 水泥砂浆在砌筑构造外表面找平抹灰。

花坛构造内外均涂刷 JS 防水涂料 2 遍。

花坛外部表面刮涂外墙腻子 2 遍。

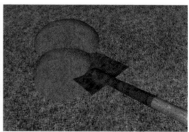

（m）表面打磨

（n）喷涂氟碳漆

（o）装入底土

采用打磨机对外部腻子层打磨平整。

花坛表面喷涂氟碳漆 3 遍。

在花坛内装入种植土底土。

（p）植入灌木

（q）回填土层

（r）浇水

在花坛内植栽灌木，保持距离均衡。

回填土层，将灌木保持垂直固定。

浇水 2 ~ 3 遍完成。

砌筑花坛施工

4.3.2　花台

　　花台将地台与花坛结合起来，还具有挡土墙的功能，是庭院中面积较大且有地势高差的常见的绿化植栽构造，能分层级营造出花境氛围。

采用页岩砖砌筑地台，在其中填入土层，部分种上可踩踏的草坪，部分用于植栽灌木，形成花境。

砌筑花台

根据设计图纸测量尺寸，用钢筋做好标记并放线定位。

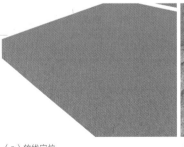

（a）放线定位

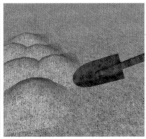

（b）开挖基坑

在地面开挖基坑，深度 300 mm 左右。

坑底平整处理并采用打夯机夯实。

（c）基坑夯实

在坑底铺设粒径30 mm左右的碎石，厚50 mm。

（d）铺设碎石

采用1：2水泥砂浆砌筑轻质砖，形成花坛，超出地面高度500 mm。

（e）砌筑砖体构造

在砌筑构造底部预埋 ϕ 50 mm 排水管，排水管连通花坛内外，穿透花坛墙体。

（f）预留排水口

采用 ϕ 8 mm 钢筋编制成钢筋网，间距150～200 mm，铺设在碎石层上。

（g）埋入拉结钢筋

采用1：2水泥砂浆砌筑轻质砖，形成台阶。

（h）砌筑台阶

将砖体缝隙处清理干净，填补聚氨酯密封胶。

（i）接缝修饰

对砌筑整体湿水养护7天。

（j）洒水养护

在花台中置入底土，深度为200 mm左右。

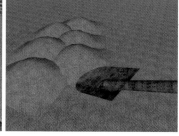

（k）置入底土

在底土层上置入种植土，高度与花台上表面高度一致。

（l）置入种植土

（m）灌木植栽

（n）草坪铺设

（o）浇水

将灌木植栽至花台中，布局整齐。

种植土表面铺设草坪。

花台内整体浇水2～3遍完成。

砌筑花台施工

4.3.3　花境挡土墙

花境挡土墙是在灌木植栽区砌筑的矮墙，主要起到造型美观与挡土的作用，能将花境区域中的土层堆积到一定的高度，形成远高近底的地势差，适合营造更丰富的花境氛围。

采用砖体砌筑弧形矮墙，对基础构造的要求不高，在墙体前后空间堆砌土壤，形成花境地势高差。

花境挡土墙

（a）放线定位

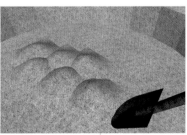
（b）开挖基坑

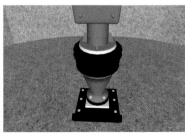
（c）基坑夯实

根据设计要求，采用钢筋做好标记并放线定位。

在地面开挖基坑，深度300 mm左右。

坑底平整处理并采用打夯机夯实。

（d）铺设碎石

（e）砌筑砖体构造

（f）埋入拉结钢筋

在坑底铺设粒径30mm
左右的碎石，厚50mm。

采用1：2水泥砂浆砌筑轻
质砖，形成花坛，超出地面高度
400 mm。

采用 ϕ 8 mm 钢筋编制成钢
筋网，间距100 ~ 150 mm，铺
设在砌筑挡土墙表面与地面上。

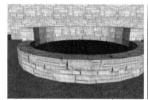

（g）石材饰面铺贴

（h）堆砌土层

（i）植栽绿化

（j）洒水养护

用石材粘结剂将花
岗岩粘贴至花坛与挡土
墙上。

在挡土墙内与花
台区内填充种植土。

在种植土层内栽植
绿化植物，分布好植栽
位置。

对整体构造与植栽
区浇灌2 ~ 3遍完成。

花境挡土墙施工

4.3.4 花箱

花箱适用于面积较大的庭院，可以摆
放在庭院中央，形成岛形花卉、绿植造景。
采用樟子松炭化防腐木制作，内部需要制
作支撑件，用于摆放较重的盆栽。一般不
将种植土置入其中，而是在其中摆放盆栽
花卉、绿植。整体结构主要采用自攻螺钉
固定，在木材面之间的结合处涂刷白乳胶
强化连接效果。

花箱

采用防腐木制作，将木料裁切成型，通过螺钉
固定连接，需要精确计算木料的用量，裁切之前需
要精确测量。

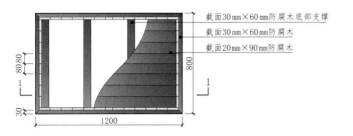

截面 30 mm×60 mm防腐木底部支撑
截面 30 mm×60 mm防腐木
截面 20 mm×90 mm防腐木

花箱平面图

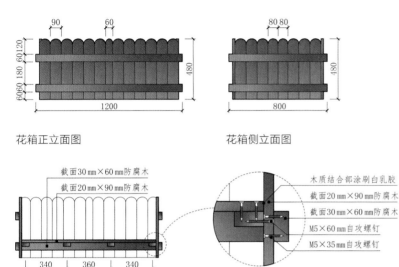

花箱正立面图

花箱侧立面图

截面 30 mm×60 mm防腐木
截面 20 mm×90 mm防腐木

木质结合部涂刷白乳胶
截面 20 mm×90 mm防腐木
截面 30 mm×60 mm防腐木
M5×60 mm自攻螺钉
M5×35 mm自攻螺钉

花箱构造详图

采用防腐木板材、方材组合制作成框架和外围围合板材，形成箱体。内部放置盆栽观花灌木，具体形态可根据需要设计制作。

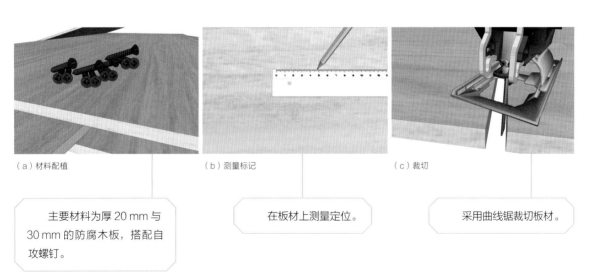

（a）材料配植

（b）测量标记

（c）裁切

主要材料为厚 20 mm 与 30 mm 的防腐木板，搭配自攻螺钉。

在板材上测量定位。

采用曲线锯裁切板材。

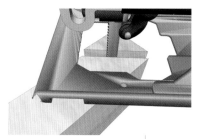

（d）倒角裁切

对厚 30 mm 的防腐木板端头进行 45°倒角裁切。

（e）圆角裁切

在厚 20 mm 的防腐木端头进行圆角裁切。

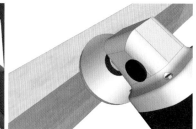

（f）打磨边角

采用打磨机对防腐木边角进行打磨。

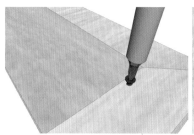

（g）基础框架钉接

采用自攻螺钉安装框架构造，木料边角采用 45°对接。

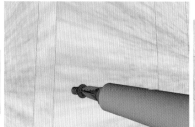

（h）围板钉接

采用自攻螺钉将围合的板材安装在底部框架上。

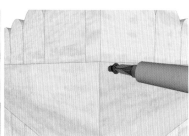

（i）组合钉接

采用自攻螺钉将其他构件组合安装完毕。

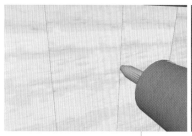

（j）白乳胶辅助粘贴

在缝隙较大部位用白乳胶辅助粘贴。

（k）涂刷木蜡油

在防腐木表面涂刷有色木蜡油 3 遍。

（l）置入盆栽

在花箱内整齐均匀地布置盆栽。

花箱施工

4.3.5　花架

　　柜架形花架适用于面积较小的庭院，可以摆放在庭院边侧靠墙处，上部可用于挂置盆栽绿植，采用松木制作，表面涂刷木蜡油，内部需要制作支撑件，一般在其中摆放盆栽花卉、绿植。

花架

　　整体结构主要采用自攻螺钉与气排钉固定，在木材面之间的结合处涂刷白乳胶强化连接效果。

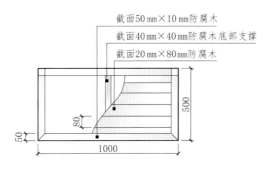

截面50 mm×10 mm防腐木
截面40 mm×40 mm防腐木底部支撑
截面20 mm×80 mm防腐木

花架平面图

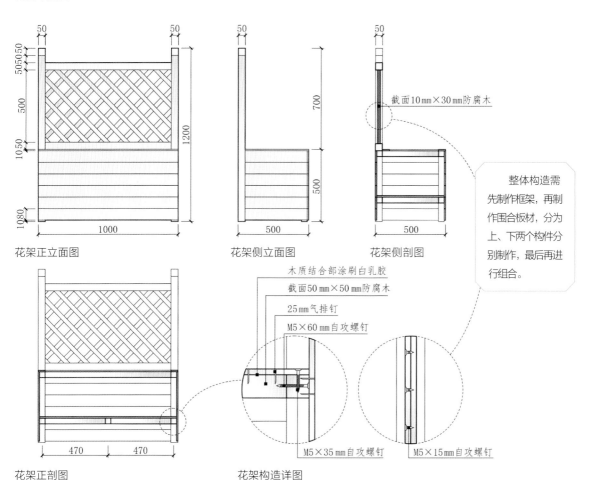

花架正立面图

花架侧立面图

截面10 mm×30 mm防腐木

花架侧剖图

　　整体构造需先制作框架，再制作围合板材，分为上、下两个构件分别制作，最后再进行组合。

花架正剖图

木质结合部涂刷白乳胶
截面50 mm×50 mm防腐木
25 mm气排钉
M5×60 mm自攻螺钉

M5×35 mm自攻螺钉
M5×15 mm自攻螺钉

花架构造详图

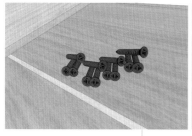

（a）材料配植

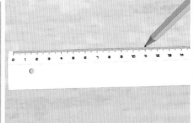

（b）测量标记

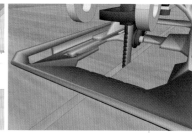

（c）裁切

主要材料为厚 20 mm 与厚 40 mm 的防腐木板，搭配自攻螺钉。

在板材上测量定位。

采用曲线锯裁切板材。

（d）制作底部框架

（e）制作竖向框架

（f）安装下部围板

采用自攻螺钉安装底部框架构造。

采用自攻螺钉安装竖向框架构造。

采用自攻螺钉安装下部围板。

（g）安装下部底板

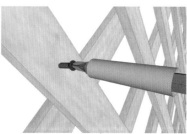

（h）组装上部格栅

（i）切割格栅边缘

采用自攻螺钉安装下部底板。

采用自攻螺钉组装上部格栅。

采用手电锯切割格栅端头边角。

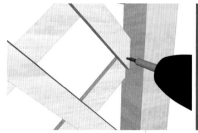

（j）安装格栅

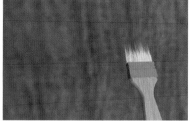

（k）涂刷木蜡油

（l）置入盆栽

采用自攻螺钉安装上部格栅。

对防腐木涂刷木蜡油3遍。

在花箱内整齐均匀地放入盆栽。

花架施工

4.3.6　地被坡

地被坡是指在有坡度的庭院内铺设草坪、地被、灌木等组合绿化植栽，同时根据需要铺设砖石，将多种绿化形态融为一体。最终形成的坡地既是种植区域，又是供踩踏休闲的区域，能根据庭院需要自由发挥，营造出多功能花境绿地。

地被坡

在坡度较大的地面铺设粗糙石材有助于防滑，将石材与草坪基础紧密结合，周边植栽地被植物，形成环绕状花境。

（a）坡地整平

（b）测量标记剖度

（c）标记地面区域

用耙子将坡地地面整平。

采用水平仪测量坡度标高，并在不同位置插上钢筋标记高度。

根据设计要求，用钢筋做好标记并放线定位。

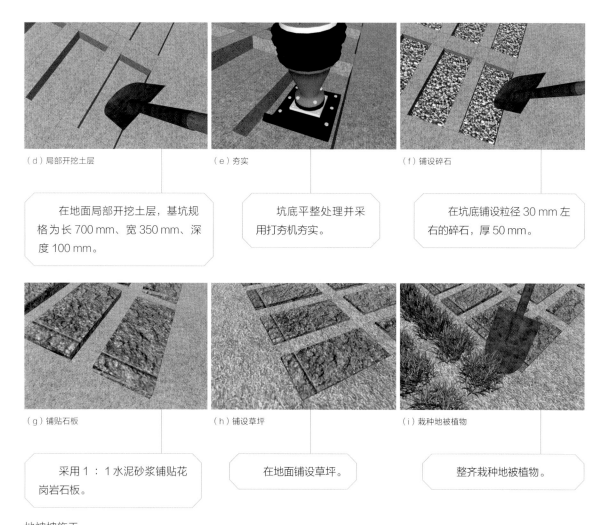

（d）局部开挖土层　　　　　　　　　（e）夯实　　　　　　　　　　　（f）铺设碎石

在地面局部开挖土层，基坑规格为长700 mm、宽350 mm、深度100 mm。

坑底平整处理并采用打夯机夯实。

在坑底铺设粒径30 mm左右的碎石，厚50 mm。

（g）铺贴石板　　　　　　　　　　（h）铺设草坪　　　　　　　　　（i）栽种地被植物

采用1∶1水泥砂浆铺贴花岗岩石板。

在地面铺设草坪。

整齐栽种地被植物。

地被坡施工

4.4　庭院种菜设施

　　庭院地面土壤为绿植栽培提供环境，除了种植观花、观叶植物，还能种植瓜果蔬菜，为生活提供便利。庭院种菜可根据实际情况来设定地面利用率，面积较小的庭院可采用菜箱，面积较大的庭院可选择整体菜地或局部菜地。

4.4.1　菜箱

　　菜箱是花盆的放大版植栽容器，家庭种菜所选用的容器一般为中小型产品，稍大面积的庭院可以将菜箱融入景观中。

菜箱的尺度高、宽分别为 200 ~ 1200 mm 不等，所用的菜箱应适合所种瓜果蔬菜的特性及大小。通常情况下，种植绿叶类蔬菜可以选用体量在 200 mm 以上的菜箱，种植瓜果类蔬菜可以选用体量在 400 mm 以上的菜箱，种植根茎类蔬菜可以选用体量在 600 mm 以上的菜箱。

菜箱的材质多种多样，有纤维增强塑料（FRP）、玻璃纤维增强混凝土（GRC）、混凝土、陶瓷、砖材、石材、木材、不锈钢、铸铁等。菜箱用栽培土壤应尽可能选择保湿性、渗水性、蓄肥性皆优且加入过改善材料的土壤，或者选择浇灌护理简单、易搬运的轻量土壤（复合土壤）。种植绿叶类蔬菜使用复合土壤，会更健康耐活。

单体菜箱

菜箱底部安装有支架，用于排水与空气流通，菜箱四周为模块化接口，能与其他菜箱组合连接，形成群组种菜模式。

在菜箱上安装支架，能种植藤类瓜果，丰富菜箱种植品种并提高使用率。

组合菜箱

藤架菜箱

组合菜箱能向高处延伸，通过支架将菜箱分为上下双层甚至三层，让蔬菜充分吸收光照，并节省占地面积。

4.4.2 整体菜地

在庭院中划分出大部分或全部面积用于种菜，需要对地面进行整体规划。每个单元的菜地宽度以 1200 mm 左右为宜，过窄会减少种植面积，过宽会影响种植操作。单元之间的通行区宽度在 400 mm 左右，可铺设砖石方便通行。下面展示整体菜地的施工方法。

整体菜地

在庭院地面开挖大面积土地用于种菜，种菜对地面平整度没有太大要求，但是要分布好人行道。

（a）地面整体翻土

将种植区地面整体翻土，翻土深度约 200 ~ 250 mm。

（b）放线定位

根据设计要求，采用钢筋做好走道区域标记，并放线定位。

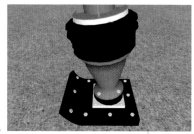

（c）夯实走道

对走道区域的地面进行平整处理，并采用打夯机夯实。

（d）铺设砂石

在走道区域铺设粒径 30 mm 左右的碎石，厚 50 mm。

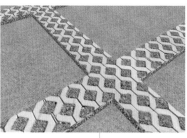

（e）铺设植草砖

采用 1 : 1 水泥砂浆铺设草砖。

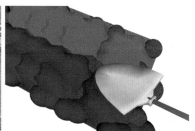

（f）配植种植土

根据种植要求配植种植土，多为 60% 腐叶土、40% 轻质砂土。

（g）铺撒种植土

（h）融合起垄

（i）浇水耙平

在菜地种植区铺撒种植土，厚 200 mm。

根据种植品种与需求，对地面土壤塑造起垄造型。

对地面整体浇水 3 遍并耙平。

整体菜地施工

4.4.3 局部菜地

局部菜地

在庭院中划分出部分面积用于种菜，需要对种菜地面进行重新整合。设计菜地单元，每个单元宽度不超过 1200 mm，长度不超过 3600 mm。单元之间的通行区宽度 400 mm 左右。下面展示局部菜地的施工方法。

需要在种植区周边铺设路缘石，防止泥土蔓延至庭院其他区域。

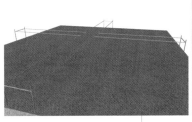

（a）放线定位

（b）开挖坑槽

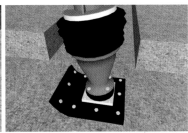

（c）夯实坑槽

根据设计要求，用钢筋为走道区域做好标记，并放线定位。

在走道区开挖坑槽，深度为 100 mm。

对走道区域地面进行平整处理，并采用打夯机夯实。

（d）铺设砂石

在走道区域铺设粒径 30 mm 左右的碎石，厚 50 mm。

（e）铺设路缘石

采用 1：1 水泥砂浆铺设成品花岗岩路缘石。

（f）配植地面砖石

在路缘石之间的走道区域填充粒径 30 mm 左右的碎石，厚 100 mm，再采用 1：1 水泥砂浆铺贴表面硬质砖石。

（g）铺撒种植土

在菜地种植区铺撒种植土，厚 200 mm。

（h）融合起垄

根据种植品种与需求，对地面土壤塑造起垄造型。

（i）浇水耙平

把地面整体耙平，规整造型，浇水 3 遍完成。

局部菜地施工

4.5　垂直绿化设施

　　垂直绿化是现代庭院追求的完美绿化方式，在不占用地面面积的前提下，提升庭院的绿化效果，充分利用墙面面积来拓展植栽空间。垂直绿化密集度更饱满，能搭配多种植物品种，形成丰富的绿化造型。

4.5.1　盆栽架

　　盆栽架是指采用成品墙面盆栽容器种植绿化植物，在墙面形成单元组合式造型。盆栽容器中含有给水排水设施，满足绿化植物的生长发育。

在庭院围合构件上安装格栅板，在格栅板上安装盆栽架，将小灌木种植在挂架式盆栽容器中，能获得良好光照，且不占用地面面积。

局部盆栽架

在砌筑墙体上安装盆栽架，在倾斜放置的植栽盆中种植灌木，形成密集度较好的墙面绿化效果。

整体盆栽架

盆栽架容器呈倾斜角度，将植物生长口面向侧上方，容器底部有水槽，能蓄水，满足植物生长需求。

聚丙烯材质
防风卡扣
大容量种植
透气孔设计
大容量储水

盆栽架容器剖面

盆栽架局部

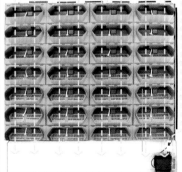

盆栽架组合容器

水能从上层容器满溢至下层容器，满足各层盆栽的灌溉需求。

整体盆栽架组合后，在底部安装水泵，为整体水循环提供动力。

4.5.2　盆栽景墙

对于种植密度有要求且面积较大的庭院，可以将盆栽固定上墙，形成密度更好的盆栽景墙。应根据设计要求制作墙面基础挂架，最后放置不同规格的盆栽容器。

盆栽景墙

采用钢结构焊接构架，将普通墙面拓展为盆栽景墙。对墙体的基础承载要求较高，墙体应当为砖砌实心墙，厚度不小于 240 mm。墙面朝南为佳，墙面需要预先制作防水层。

（a）墙面基层清理

对墙面水泥砂浆基层进行全面清理，铲除水泥疙瘩。

（b）涂刷防水渗透剂

在墙面涂刷透明防水渗透剂。

（c）铺设墙面装饰材料

采用石材粘结剂铺设墙面砖石材料。

（d）放线定位

采用激光水平仪在墙面上放线定位，并做好标记线。

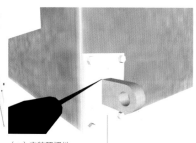

（e）安装预埋件

根据标记部位在墙面安装预埋金属件，用膨胀螺栓固定后，再用电焊枪焊接挂钩件。

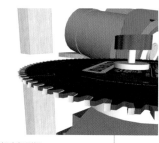

（f）裁切支架型钢

根据施工长度，用切割机裁切 40 mm×80 mm 方管钢。

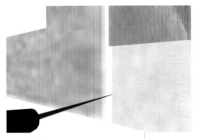

（g）焊接支架

采用电焊枪焊接方管钢支架。

（h）裁切框架型钢

根据施工长度，用切割机裁切 40 mm×80 mm 方管钢端头，形成 45°角。

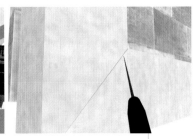

（i）焊接框架

对 45°角方管钢进行焊接，形成框架。

（j）焊接格栅架

将框架焊接至基础支架上。

（k）铺装钢丝网

采用 ϕ 8 mm 钢筋编制成钢丝网，间距 200～300 mm，铺装在框架背后，进行焊接。

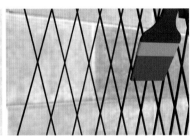

（l）涂刷防锈漆

对金属构造整体涂刷暗红色醇酸防锈漆 2 遍。

（m）涂刷饰面漆

再对金属构造整体涂刷蓝灰色醇酸饰面漆 2 遍。

（n）绿植入盆

将绿植从植栽区移植至盆中，形成盆栽。

（o）盆栽置入网架

（p）浇水养护

将盆栽倾斜置入钢筋网架中，密集排列成盆栽景墙。

整体浇水3遍完成。

盆栽景墙施工

花境绿化设计案例解析

庭院花境绿化设计追求植物布景的层次感，需要在植物配植上形成色彩对比，搭配庭院设施、山石、水景等，获得丰富饱满的视觉效果。下面列出6套庭院花境绿化设计案例供参考。

4.6.1　130 m² 庭院花境绿化设计

当庭院造型方正时，庭院入口与入户大门可呈对角线状态布置，绿化植物也可以呈对角线状态分两部分设计。附带少量水景补充庭院内的视线空白，搭配防腐木平台丰富地面材质拼接效果（设计师：王晓艳）。

鸟瞰图中对花境绿化分为两个区域设计，在庭院东北角设计乔木，遮挡窗户，保护室内空间隐私。在西南角设计观花灌木，形成两级花台，按花卉色彩分区植栽，丰富庭院色彩配植。

庭院鸟瞰图

600mm×600mm白色大理石　　100mm宽防腐木条　　花岗岩石料地面

0.450

水池

0.120

桌干

03 02
01

±0,000

2370
600
1810
600
1810
600
1810
600

10200

600　　　　　　　9640　　　　　　　2660　　600

13500

N

平面布置图

　　庭院面积较大，外部形态规整，在内部区域划分时要把握好地面造型的美感。防腐木平台提升地面层次，配植小面积水池，绿化植物形成的倒影映于水面，形成丰富的光影质感。

　　此立面图表现庭院南侧，设计有欧式造型大门、成品不锈钢围栏，花台内植栽观花灌木，搭配少量山石，形成丰富的花境。

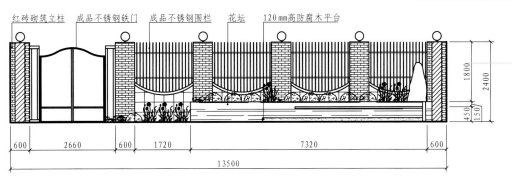

红砖砌筑立柱　成品不锈钢铁门　成品不锈钢围栏　花坛　120mm高防腐木平台

1800
2400
450
150

600　　2660　　600　　1720　　　　　　7320　　　　　　600

13500

01 立面图

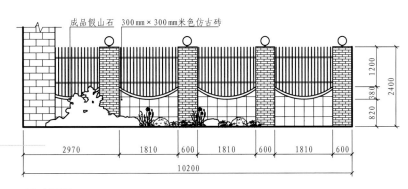

成品假山石　300mm×300mm米色仿古砖

1200
2400
580
820

2970　　1810　　600　　1810　　600　　1810　　600

10200

02 立面图

　　此立面图表现庭院东侧，主要设计有成品不锈钢围栏，围栏基础墙体高820mm，植栽低矮的观花灌木，仅供庭院内部欣赏。

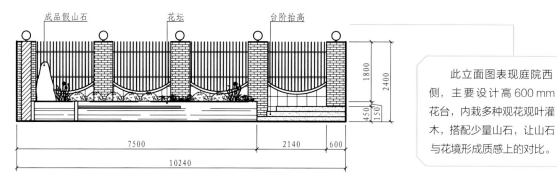

成品假山石　　　花坛　　　台阶抬高

1800
2400
450
150

7500　　　　　　2140　　600

10240

03 立面图

此立面图表现庭院西侧，主要设计高 600 mm 花台，内栽多种观花观叶灌木，搭配少量山石，让山石与花境形成质感上的对比。

秋千与水池近景

庭院东北角建筑外窗较多，故选用小乔木对建筑外窗局部遮挡，保护室内隐私，搭配秋千与水池，让庭院设施与绿化植物形成一定的视觉对比。

水池旁设计防腐木平台，摆放户外座椅，靠墙边配植观花灌木，注意让落地玻璃窗与庭院设施保持一定的距离，保护落地玻璃。

秋千与水池远景

休闲平台

庭院西侧的休闲平台面积开阔，借助弧形背景花台，隔离庭院围墙，形成较私密的休闲区。

花台灌木鸟瞰

弧形花台分高低两个层级，选用不同色彩的观花、观叶植物搭配，营造出丰富的层次感。

近景花台还搭配了动物雕塑，让庭院内的造景富有生气。

花台灌木近景

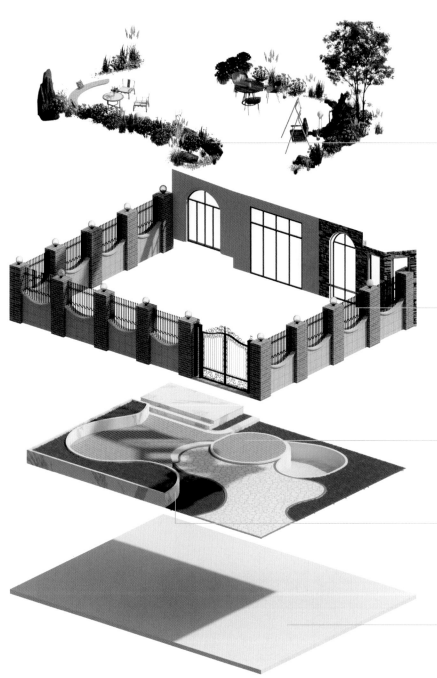

观花灌木是设计的核心，可在花台区域内植栽不同季节开花的观花植物，确保庭院内四季均有花可观。

观花为主的庭院多设计半开放式格栅围墙，能吸引庭院外行人的目光，但又不完全镂空，避免大风袭扰观花灌木。

防腐木平台与水池是必要的硬件搭配，能与绿化植栽区形成视觉对比效果。

提升花台高度能轻松形成花境效果，让院内空间具有围合感。

原有庭院地面需要刨挖至地下600 mm，并对基坑整平夯实，再铺撒种植土，并砌筑水池、花台。

庭院设计分解图

4.6.2 71 m² 庭院花境绿化设计

屋顶庭院采光充足，适合植栽多种观花植物，尤其适合暖季草坪。限于楼板承重与植栽层较浅，不适合乔木植栽。为了提升花境绿化的观赏效果，可以有选择地配置休闲亭等景观小品来提升空间的立体感与层次感（设计师：李若溪）。

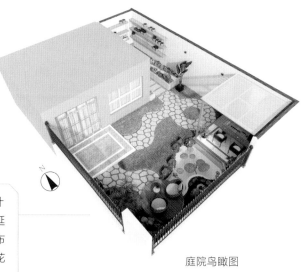

庭院鸟瞰图

鸟瞰图中将主要功能区布置在庭院南侧，这里设计凉亭与水池，由这些构筑物延伸出花境绿化，形成蔓延状造型，覆盖到整个庭院中。建筑旁的狭窄空间中，布置多种造型的花台、花箱与搁板，形成丰富且集中的花境绿化栽植区。

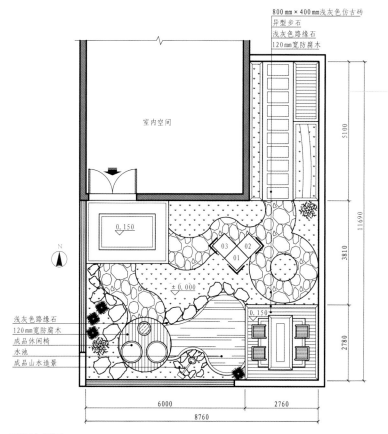

平面布置图

庭院位于建筑屋顶上，面积形体不规则。大面积铺设草坪、山石、防腐木，搭配水景造型，丰富了平面布置。入户门在庭院西北角，与之对应的是庭院东南角的休闲亭，最大化地延伸庭院的铺装道路与草坪。

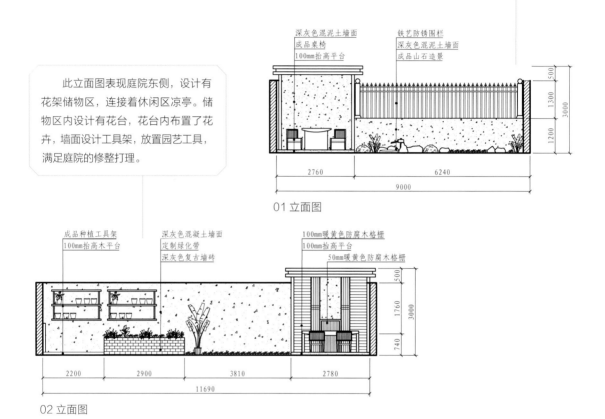

此立面图表现庭院南侧，设计有现代风格凉亭，形成休闲区，沿着南侧墙体布置绿化植栽区。基础墙体高度为1200 mm，墙体上部设计铁艺围栏，保障庭院空气流通。

深灰色混泥土墙面
成品桌椅
100mm抬高平台

铁艺防锈围栏
深灰色混泥土墙面
成品山石造景

500
1300
3000
1200

2760
6240
9000

01 立面图

此立面图表现庭院东侧，设计有花架储物区，连接着休闲区凉亭。储物区内设计有花台，花台内布置了花卉，墙面设计工具架，放置园艺工具，满足庭院的修整打理。

成品种植工具架
100mm抬高木平台

深灰色混凝土墙面
定制绿化带
深灰色复古墙砖

100mm暖黄色防腐木格栅
100mm抬高平台
50mm暖黄色防腐木格栅

500
1760
3000
740

2200
2900
3810
2780
11690

02 立面图

铁艺防锈围栏
深灰色混泥土墙面
成品山石造景

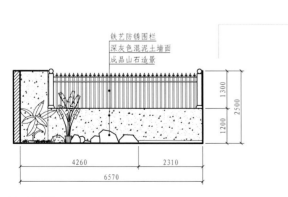

此立面图表现庭院西侧，布置有形体较大的观叶灌木，由于靠近墙角处阳光难以直射，应避免植栽大量观花灌木。地面布置少量山石形成点缀，山石的质感与绿化植物形成视觉对比。

1300
2500
1200

4260
2310
6570

03 立面图

局部垂直鸟瞰图

庭院主要绿植区集中在西南角，与东南角的休闲亭相互呼应，将庭院设计重点设置在南侧。

休闲区远景

庭院主要绿植区集中在南侧，设计休闲区与防腐木平台，两者之间用水池连接，周边环绕绿植花境，搭配山石来衬托铺设造景的边缘，形成富有动感的绿化植栽区。

休闲区近景

现代风格的休闲区布置茶桌与座椅，周边墙体较高，具有良好的挡风功能。适时摆放盆栽绿植，强化绿化花境设计的必要性。

边角空间

庭院东北角的边角空间由于宽度较窄，为营造花境绿化氛围，因此专门设计了花台，提升观花植物的高度，延长光照时间。

地面铺设

地面铺设形态不规则的砖石，形成弧形道路，周边被草坪环绕，绿化效果明显。

水池与绿化

浅水池中可种植水生植物，丰富庭院的绿化品种。

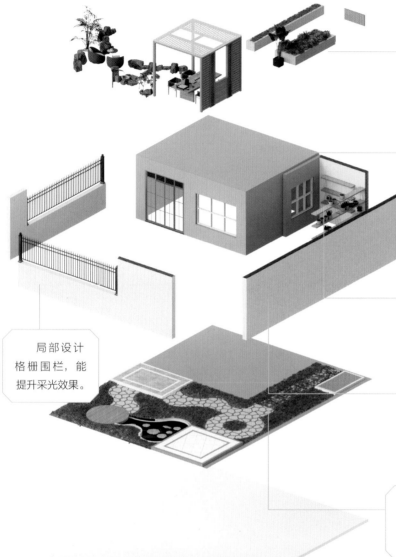

观花灌木是花境绿化的设计重点，可设计花台来提升光照效果。

适当搭配山石，提升绿植区的质感，让屋顶庭院看起来更结实稳固。

搁板丰富了庭院的使用功能，可选用防腐木材料或塑木材料制作。

局部设计格栅围栏，能提升采光效果。

围墙增加高度，能降低空气流动性，为庭院营造安全舒适的生活环境。

地面设计较平整，以草坪为主，搭配多种铺设材料，并采用优美的图案来强化地面的设计感。

屋顶庭院地面承载力有限，混凝土地面找平后需要整体制作防水层，并对地面进行二次找平，之后才能进行草坪铺设。

庭院设计分解图

4.6.3 45 m² 露台庭院花境绿化设计

面积较小的露台一般位于联排或双拼别墅顶层，花境绿化设计应当根据露台的大小和形状，将空间划分为休闲区、种植区、观赏区等区域。休闲区可以设置座椅、茶几等家具，方便人们休息、娱乐；种植区可以设置花坛、花箱等设施，用于种植各种植物；观赏区可以设置景观石、水池等景观，增加庭院的美感（设计师：朱钰文）。

露台全景

小型露台一般位于小型别墅屋顶，面积约一个常规卧室大小，在布局设计上可以认为是一处拓宽的阳台，运用遮阳篷营造出局部遮阳、避雨的空间，让室内外之间形成过渡。

露台局部角落

露台休闲桌椅

根据审美要求选购陈设品，用于摆放绿化盆栽。

露台受光面积大，在全天候无遮挡的地面上铺设马尼拉草坪，搭配防腐木地板，形成强烈的视觉对比。休闲桌椅以金属结构为主，耐候性较强。

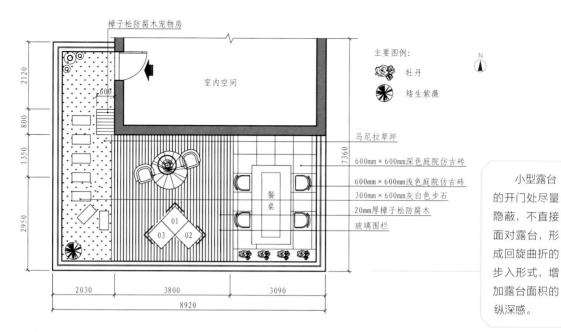

樟子松防腐木宠物房

室内空间

主要图例：
牡丹
矮生紫薇

N

2120
800
1350
2950
600

7360

马尼拉草坪
600mm×600mm深色庭院仿古砖
600mm×600mm浅色庭院仿古砖
300mm×600mm灰白色步石
20mm厚樟子松防腐木
玻璃围栏

餐桌

01
03 02

2030   3800   3090
8920

平面布置图

小型露台的开门处尽量隐蔽，不直接面对露台，形成回旋曲折的步入形式，增加露台面积的纵深感。

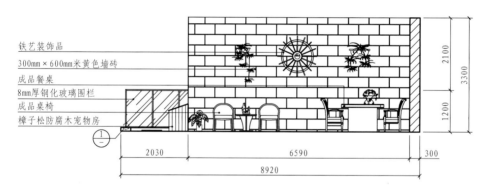

铁艺装饰品
300mm×600mm米黄色墙砖
成品餐桌
8mm厚钢化玻璃围栏
成品桌椅
樟子松防腐木宠物房

1

2100
3300
1200

2030   6590   300
8920

01 立面图

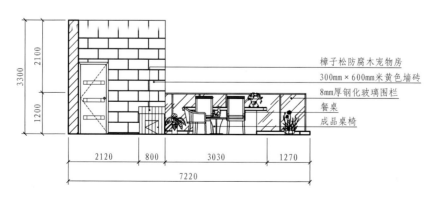

2100
3300
1200

樟子松防腐木宠物房
300mm×600mm米黄色墙砖
8mm厚钢化玻璃围栏
餐桌
成品桌椅

2120   800   3030   1270
7220

02 立面图

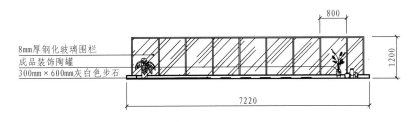

8mm厚钢化玻璃围栏
成品装饰陶罐
300mm×600mm灰白色步石

800
1200
7220

03 立面图

小型露台面积不大，尽量选择精致的材料，在选料上注重华丽感与光鲜感，地面与墙面的材料搭配尽量丰富，且全覆盖效果最佳，不用涂料类材料，以防腐木、砖石、草坪为主。植栽绿化植物需要较厚的土层，因此露台庭院多以盆栽植物为主。

4.6.4　268 m² 露台庭院花境绿化设计

面积较大的露台一般位于独立别墅或洋房顶层，作为户外空间的一部分，其使用功能与室内空间相协调（设计师：朱钰文）。

大型露台位于别墅或洋房屋顶，面积约占整个建筑占地面积的一半以上。布局设计先要分区，将理想中的功能区全部划分出来，水景与绿化面积不宜过大，否则会增加楼板的承重负担。可以将露台设计为室内空间的拓展，选择一些可供室外使用的功能家具，拓展室内空间。

露台全景

健身区

烧烤野餐区

户外健身器材安装简单，适和露台使用。

户外烧烤餐桌选用防腐木，完美体现了露台的使用功能

功能区划分齐全，将能想到且有实际功能的区域全部考虑进来。弱化绿植在露台上的作用。根据建筑户型特征定位露台开门方向，将搭建的茶室凉亭设计在露台流线末端。

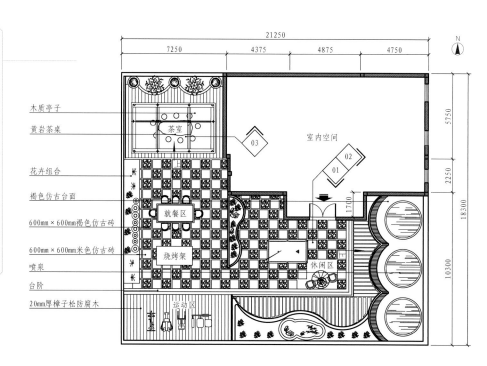

木质亭子
黄岩茶桌

花卉组合
褐色仿古台面
600mm×600mm褐色仿古砖
600mm×600mm米色仿古砖
喷泉
台阶
20mm厚樟子松防腐木

21250
7250   4375   4875   4750

N

茶室

03

室内空间

02
01

5750

就餐区

2250

1700

18300

烧烤架

休闲区

10300

运动区

平面布置图

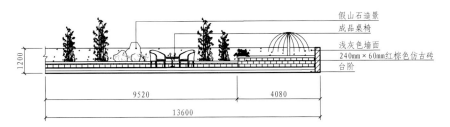

假山石造景
成品桌椅
浅灰色墙面
240mm×60mm红棕色仿古砖
台阶

1200

9520   4080

13600

01 立面图

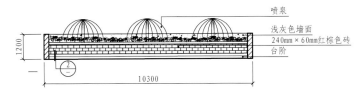

喷泉
浅灰色墙面
240mm×60mm红棕色砖
台阶

1200

10300

02 立面图

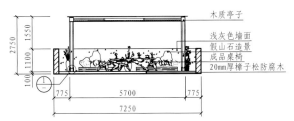

木质亭子
浅灰色墙面
假山石造景
成品桌椅
20mm厚樟子松防腐木

2750 1550
1100
100

775   5700   775

7250

03 立面图

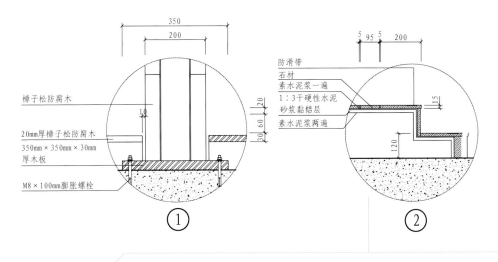

樟子松防腐木

20mm厚樟子松防腐木
350mm×350mm×30mm
厚木板

M8×100mm膨胀螺栓

350
200

防滑带
石材
素水泥浆一遍
1:3干硬性水泥
砂浆黏结层
素水泥浆两遍

5 95 5   200

120

①   ②

构造详图

大型露台尽量在选料上注重多样性，地面固定构造主要采用膨胀螺栓，不能采用膨胀螺钉。水景构造设计轻量化，水池要浅，防止楼板过载导致危险，同时要避免破坏楼顶面的防水层。绿化植物可集中在局部花坛中，受到楼板承载能力的限制，花坛一般应放置在建筑楼板的横梁上，尤其是建筑外墙周边的圈梁上，形成较好的支撑作用。此外，花坛的高度不宜超过 800 mm，内部填充土层厚度不宜超过 600 mm，以减少综合自重。

4.6.5 446 m² 花园庭院花境绿化设计

花园庭院是环绕建筑展开的户外活动空间，中等面积的花园庭院，美观性是设计的重要目标。在设计过程中，要注重植物的色彩搭配、形态搭配、高度搭配等，以达到美观的效果。可以运用园林景观设计的手法，如利用地形起伏、营造私密空间等，增强花境绿化的美感。同时要考虑季节变化对花境绿化效果的影响，通过选择不同季节开花的植物，使花境绿化达到四季有花、色彩丰富的效果（设计师：朱钰文）。

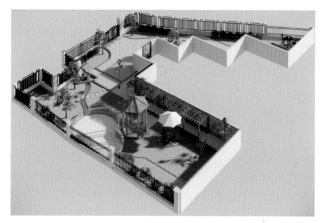

花园全景

环绕式庭院的布局设计比较容易，将主体建筑周边空间作为主要功能区。贴近外部道路的区域简化设计，远离外部道路的区域细化设计，将繁简分开，形成主次对比。

亭台水景局部

水井局部

在庭院中设计水池能增添造景效果，除了养鱼与水生植物，还能为草坪、绿植提供灌溉。水池尽量设计在庭院绿化区中央，通过水渠构造能使水流触及更大的庭院面积。

在庭院中融合水井元素，根据实地状况开挖水井，将水井中的水引入水池中，用于养鱼、种植水生植物，降低庭院绿化用水成本。

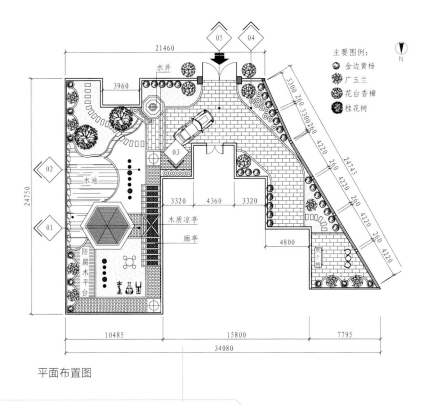

主要图例：
金边黄杨
广玉兰
花台香樟
桂花树

平面布置图

庭院环绕在建筑周边三面，因地制宜形成半包围的布局形式。将建筑东侧较方正的地块设计为带有水池、亭台、绿地、防腐木平台的综合绿化休闲区。布局形态自然充实，多种构造之间相互穿插，形成复杂的密集化效果。建筑西南侧庭院形状不规整，主要以地面铺装为主，突出停车、步行健身运动的功能需求。在外墙边缘布置绿化隔离带，注重庭院内的隐私感。

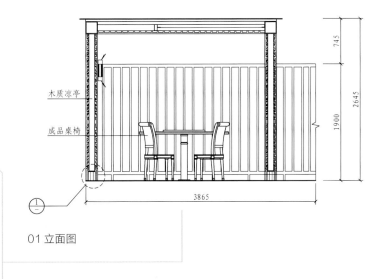

木质凉亭
成品桌椅

01 立面图

凉亭选用防腐木，搭配成品桌椅，围栏高度为1900 mm。由于庭院被划分为几个区域后，每个区域的面积不大，因此围栏不宜设计得过高。

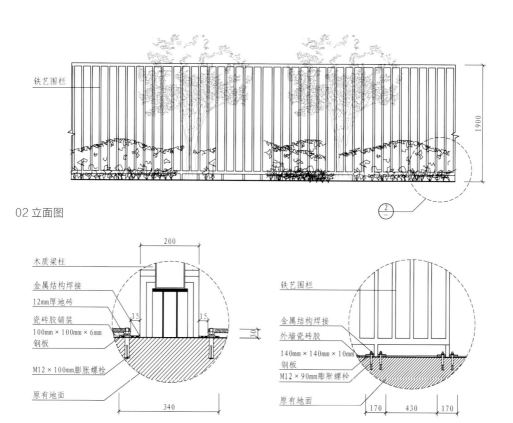

铁艺围栏

1900

02 立面图

木质梁柱
金属结构焊接
12mm厚地砖
瓷砖胶铺装
100mm×100mm×6mm
钢板
M12×100mm膨胀螺栓
原有地面

200
15   15
30
340

①

铁艺围栏
金属结构焊接
外墙瓷砖胶
140mm×140mm×10mm
钢板
M12×90mm膨胀螺栓
原有地面

170   430   170

②

构造详图

根据需要设计展示柜,用于展示户外花卉、盆栽、陶艺等装饰品。不设计开门,隔板的间距应当放宽,适用于多种物品展示。

成品展示柜

陶瓷展示

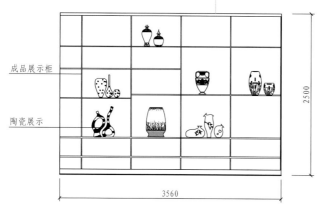

2500
3560

03 立面图

在围栏中设计装饰匾,填充围栏上的视觉设计元素,同时也是强化围栏结构的重要方式。

装饰画

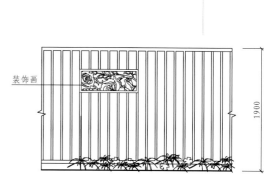

1900

04 立面图

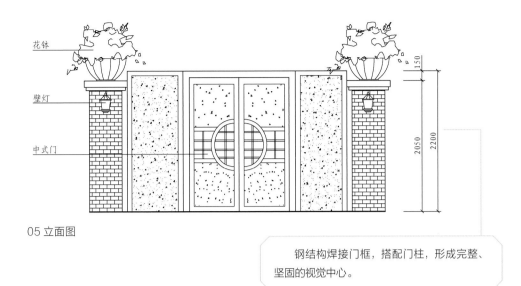

花钵

壁灯

中式门

05 立面图

钢结构焊接门框，搭配门柱，形成完整、坚固的视觉中心。

4.6.6　566 m² 庭院花境绿化设计

　　大型花园庭院是以庭院为中心的建筑群落，运用围墙来包容多个建筑与花园区域。要调查花园庭院所在的环境条件，以便选择适应性强的植物种类。要注重植物之间的相互关系，以及与花园其他元素的关系，形成一个统一的整体。要考虑季节变化对花境绿化效果的影响，选择不同季节开花的植物，达到四季有花、色彩丰富的效果。要结合室内空间的设计，使花园庭院绿化与室内空间相协调，形成一个舒适、宜人的生活环境（设计师：朱钰文）。

　　面积较开阔的庭院，庭院门与建筑大门形成贯通布局，在中央设计装饰景墙，形成阻隔，行走道路呈环绕形。设计穿廊、水池、高低树木、休闲桌椅等一系列元素，但是要避免将庭院填塞过满，要符合现代生活起居习惯。在精简布局的同时，将中国古典园林的设计手法运用进来。

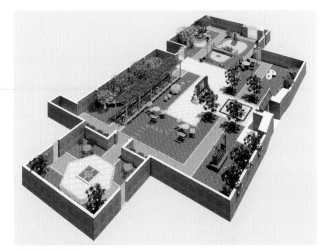

大型花园全景

在庭院中建造水池，引入水生植物，将亲水平台延伸至水中，营造出入与自然的互动空间。

水景局部

背景墙前铺装草坪，将植物造型的雕塑与草坪相结合，指出庭院造景重点。

背景墙局部

对正感强烈，运用横平竖直的道路将庭院周边建筑开门串联起来，其中还设计有步石，提高交通的便捷性。左侧小庭院设计为完全对称形态，将建筑空间的交互性能发挥至极。

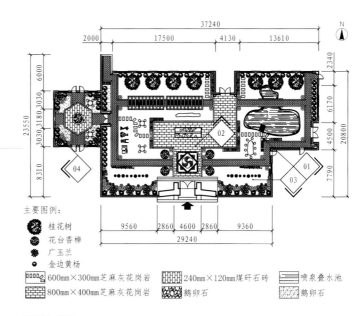

主要图例：

- 桂花树
- 花台香樟
- 广玉兰
- 金边黄杨

- 600mm×300mm芝麻灰花岗岩
- 240mm×120mm煤矸石砖
- 喷泉叠水池
- 800mm×400mm芝麻灰花岗岩
- 鹅卵石
- 鹅卵石

平面布置图

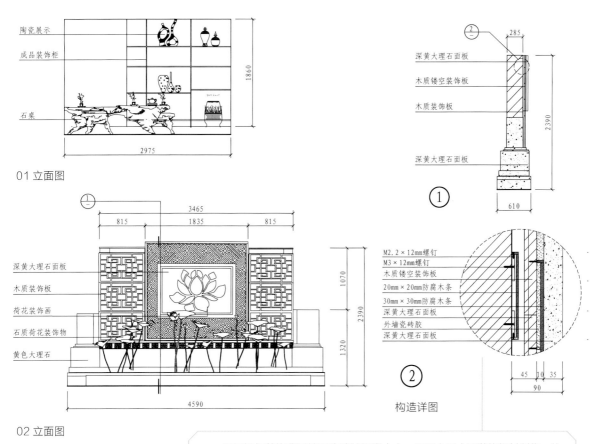

陶瓷展示
成品装饰柜
石桌

01 立面图

深黄大理石面板
木质镂空装饰板
木质装饰板
深黄大理石面板

①

深黄大理石面板
木质装饰板
荷花装饰画
石质荷花装饰物
黄色大理石

02 立面图

M2.2×12mm螺钉
M3×12mm螺钉
木质镂空装饰板
20mm×20mm防腐木条
30mm×30mm防腐木条
深黄大理石面板
外墙瓷砖胶
深黄大理石面板

②

构造详图

展示柜与装饰背景墙是庭院的视觉中心，采用大量木质装饰板材制作，体现出庭院的设计风格与主题。背景墙基础采取砌筑结构，外部铺贴天然大理石，石料与木料相结合，形成质地对比。

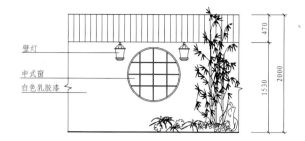

壁灯
中式窗
白色乳胶漆

470
2000
1530

03 立面图

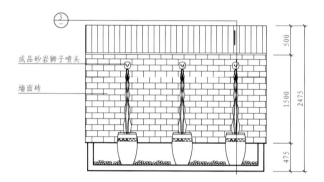

成品砂岩狮子喷头

墙面砖

500
2475
1500
475

04 立面图

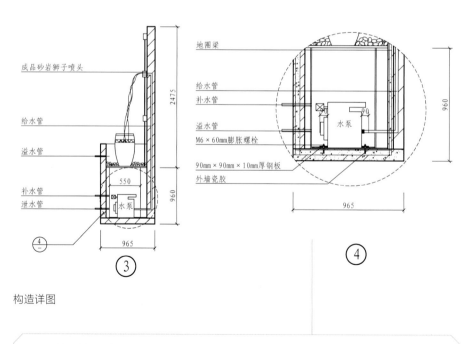

成品砂岩狮子喷头

给水管

溢水管

补水管
泄水管

2475

960

550

水泵

965

3

地圈梁

给水管
补水管

溢水管
M6×60mm膨胀螺栓

90mm×90mm×10mm厚钢板
外墙瓷胶

水泵

960

965

4

构造详图

　　周边围墙面积较大，可以开设圆形景窗，形成向窗外"借景"的设计手法。虽然壁泉具有欧式风格，但是从庭院整体风格上看，壁泉中的细节元素仍为中式古典风格，如狮子头喷泉口、陶制水坛等，再次强调了风格的独特性与专一性。